数学物理方程
学习辅导｜二十讲

SHUXUE WULI FANGCHENG XUEXI FUDAO ERSHI JIANG

陈 恕 行

U0343670

高等教育出版社·北京

内容简介

　　本书为高等学校数学类专业数学物理方程课程的学习辅导书,其深度与数学物理方程的课程相当。作者根据多年的教学实践,分二十讲对学生在学习过程中常遇到的疑问作了阐述与解答,也提出了一些值得进一步思考的问题。为使学生能有更多练习与思考的机会,在本书中还提供了一定数量的例题与各种类型的习题。

图书在版编目(CIP)数据

　　数学物理方程学习辅导二十讲 / 陈恕行编著. -- 北京 : 高等教育出版社,2015.8(2024.9重印)
　　ISBN 978-7-04-042884-1

　　Ⅰ. ①数… Ⅱ. ①陈… Ⅲ. ①数学物理方程-高等学校-教学参考资料 Ⅳ. ①O175.24

　　中国版本图书馆CIP数据核字(2015)第115716号

策划编辑	兰莹莹	责任编辑	兰莹莹	封面设计	于文燕	版式设计　马敬茹
插图绘制	尹文军	责任校对	李大鹏	责任印制	刘弘远	

出版发行	高等教育出版社	咨询电话	400-810-0598
社　　址	北京市西城区德外大街4号	网　　址	http://www.hep.edu.cn
邮政编码	100120		http://www.hep.com.cn
印　　刷	河北吉祥印务有限公司	网上订购	http://www.landraco.com
开　　本	787 mm×1092 mm　1/16		http://www.landraco.com.cn
印　　张	7.25	版　　次	2015 年 8 月第 1 版
字　　数	170 千字	印　　次	2024 年 9 月第 10 次印刷
购书热线	010-58581118	定　　价	18.00 元

前　　言

　　数学物理方程是数学学科的一个分支,它主要指从物理学及其他各门自然科学、技术科学中产生的偏微分方程(有时也包括和此相关的积分方程、微分积分方程等)。它们反映了有关的未知变量及其关于时间的导数和关于空间变量的导数之间的制约关系,其涉及领域与应用范围日益广泛与深入。

　　数学物理方程也是高等学校数学类专业的一门重要基础课程的名称,它主要以波动方程、热传导方程与调和方程为代表讨论二阶线性偏微分方程,介绍这些偏微分方程的导出、物理背景、求解方法、解的性质等。为配合数学物理方程课程的教学,作者根据多年的教学实践,分二十讲对学生在学习过程中常遇到的疑问作了阐述与解答,也提出了一些值得进一步思考的问题。

　　本书是数学物理方程课程教学的辅导材料,它以数学物理方程教科书的内容编排为线索来展开讨论。读者可参考复旦大学谷超豪等编写的数学物理方程(高等教育出版社,2012年第三版)使用本书。作者在本书中首次尝试用对话的方式来阐述相应的数学内容,希望这种问答的方式能更贴近于学生实际学习时的思考过程,并能以较生动的方式叙述较枯燥的数学内容,以便于理解和掌握。同时,为帮助学生能有更多的练习与思考,本书中还提供了一定数量的例题与各种类型的习题。相信这些材料对于学习与深入掌握数学物理方程课程的内容能起到一定的辅助作用。

　　由于本书是数学物理方程课程教学的辅导材料,很多在数学物理方程教科书中已有的基本内容,特别是在教科书中详细写出的定理证明或相关运算,在本书中均不再重复,仅在必要时为了释疑的方便,将一些记号或证明要点加以复述。本书中选配的例题与习题提供了比常规教材更为开阔的思考余地,希望同学们感兴趣于此。

　　本书的编写参考了国内外不少教材与文献资料,也从中选取了部分习题。在编写过程中得到了同事们的许多支持与帮助,特别是秦铁虎教授的大力支持,在此深表感谢。由于本书的写作方式是初次尝试,更由于作者水平所限,书中有许多不妥与疏漏之处,望读者指正。

陈恕行

2015年于复旦大学

目　　录

第一讲　导　　引

教　师　数学物理方程是数学与应用数学专业很重要的基础课程.

学生 A　每个老师都说自己所教的课程是很重要的.

学生 B　那当然啦,不重要的课程就不会安排在教学计划中了.

教　师　关键是为什么说这门课程是重要的,以及它有什么特点.

数学物理方程主要指从物理学与其他各门自然科学、技术科学中所产生的偏微分方程. 它反映了有关的未知变量及其关于时间变量的导数或关于空间变量的导数之间的关系. 一门自然科学中所特别关心的定量关系往往可以用一个偏微分方程来描写. 例如, 流体力学中的基本方程是欧拉方程组与纳维 − 斯托克斯方程组,水力学、空气动力学、海洋流、大气运动等各式各样流体力学中的问题都会归结到欧拉方程组与纳维 − 斯托克斯方程组(或其简化形式)在各种特定条件下的求解. 相仿地,弹性力学中的基本方程就是弹性力学方程组,电动力学中的基本方程是麦克斯韦方程组,量子力学中的基本方程是薛定谔方程,相对论中的基本方程是爱因斯坦方程,相对论量子力学中的基本方程是狄拉克方程,如此等等. 简言之,一个偏微分方程就成为一门学科的数学基础,其重要性不言而喻. 今天,离开了这些重要的数学物理方程就无法想象怎么来研究相应的学科.

学生 A　就是说,很多情形下在研究一门自然科学时就得天天与某一类偏微分方程打交道吗?

教　师　可以这样说吧. 数学物理方程有时也包括和此相关的积分方程、积分微分方程等. 例如, 描写稀薄气体运动的玻尔兹曼方程就是一类积分微分方程.

学生 B　数学物理方程在物理中的用途可真大!

教　师　这里的物理应当理解为广义的物理. 实际上,现在在化学、生物、经济学乃至社会学的研究中都会遇到数学物理方程.

学生 A　还有社会学?

教　师　是的. 例如在环境科学中,空气污染的治理就与扩散方程有关. 还有,人口迁移的研究也可用偏微分方程来描写.

学生 C　数学物理方程的用途确实很大,可这么多内容我们怎么学啊?

教　师　我们在这门课程中当然只能学一些基础性的内容. 选一些最基本的且形式较简单的偏微分方程进行讨论. 其中包括数学模型的建立,方程的求解以及解的性质的研究等. 但这些基本内容的掌握对于更困难问题的学习与研究是一个重要的基础. 此外,从偏微分方程与数学学科的其他分支的联系来说,这些内容也是必不可少的.

学生 A　偏微分方程与数学学科的其他分支有很多联系吗?

教　师　有,而且很密切.例如,偏微分方程与常微分方程同属微分方程,但偏微分方程中出现的是偏导数,除了时间变量外还有空间变量,显然其研究的问题要更复杂些,而它的研究也必定要以对常微分方程的了解为基础.又如,偏微分方程属于分析学,但所讨论的问题与方法常有几何上的意义,故与几何,特别是微分几何有密切联系.此外,泛函分析理论的发展为偏微分方程的研究提供了许多新观点与新方法,而偏微分方程也为泛函分析提供了许多具体的模型.至于微积分,则是近代数学必不可少的基础,对偏微分方程也是一样.事实上,在历史上,偏微分方程最早只是微积分理论的一个部分,仅在其内容逐渐丰富与成熟后,才脱离微积分,成为一门独立的科学.

学生 B　所以,其他数学类课程的掌握对学好偏微分方程是十分重要的.

教　师　是的.以上所说的这些联系大家可在学习过程中逐渐体会到.

学生 C　我有个问题,既然数学物理方程课程的主要内容是偏微分方程,为什么不称这门课程为偏微分方程呢?

教　师　课程的名称并不重要.现在美国与欧洲很多大学数学系的课程名称中就是偏微分方程而不是数学物理方程;我国大学课程目录中称该课程为数学物理方程可能有历史的原因吧.但我觉得数学物理方程的课程名称也很好,它更强调了这门课程与物理等应用科学的联系,也强调了这门课程在数学理论到各类应用中起到桥梁作用的特点.

还有一点要说明的,按偏微分方程的定义,任何一个含有未知函数以及该函数的偏导数的等式都可称为偏微分方程.但随意写的一个等式不一定有物理意义,我们关心的数学物理方程就是在物理等应用科学中有意义的偏微分方程,这些方程才是我们讨论的对象.

学生 A　在物理系的课程安排中通常有数学物理方法课程,这与数学物理方程是否一回事?

教　师　在物理系的数学物理方法课程通常包括积分变换、数学物理方程、特殊函数等,故数学物理方程只作为该课程内容的一部分出现.此外,与数学系的教学相比,物理系的数学物理方程教学中更注重于方法,理论分析少一些.

学生 B　柯朗与希尔伯特写了很厚的数学物理方法,其第二卷是专门写偏微分方程的.

教　师　是的.这两位大师写的这本书是很有影响的著作.但此书内容太多,初学者不容易自学.此外,这本书是在 20 世纪中叶出版,有些内容(如广义解)现在已可以用更简洁与标准的语言叙述,更容易理解.

学生 A　请您介绍一下本课程的参考书好吗?

教　师　好的.国内出版名为数学物理方程的书已有数十种,一般是直接用于教学的.例如复旦大学编写的《数学物理方程(第三版)》,可在 70 学时内教完,如只教前 4 章,则 50 学时就够了.别的数学物理方程教材若针对较少学时的课程,内容还要少些.姜礼尚编写的

.

《数学物理方程》的变分原理部分,齐民友、吴方同编写的《广义函数与数学物理方程》均有其特色,值得参考.国外出版的相应内容的书冠名为偏微分方程的比较多.Fritz John 编写的 *Partial Differential Equations* 在大学本科中还用得较多,但如按国内的讲授方法也难在一学期内讲完.其他很多书往往是供研究生用的,所以篇幅较多.例如 Lawrence C. Evans 编写的 *Partial Differential Equations* 内容丰富,但远超出我们大学本科数学物理方程教学大纲的要求,故对多数大学三年级的同学来说,将此作为主要参考书并不合适.彼得罗夫斯基写的《偏微分方程讲义》是一本经典的书.近年来他的学生奥列尼克以同名写的《偏微分方程讲义》内容翔实,体现了俄罗斯的数学传统与风格,特别是里面有些理论分析以及习题还是相当难的.苏联还有一些名为数学物理方程的参考书,如吉洪诺夫、萨马尔斯基写的《数学物理方程》,在偏微分方程的应用方面展开很多.如有时间与精力学习一下还是很好的,但不一定在初次接触数学物理方程时就看那么多.

这里得对初学本课程的同学说两句.一般来说,主要的精力应放在对基本教材的理解上,对有关的概念与定理要理解透彻,做好必须做的习题,以后在扩充知识面时就会触类旁通.初学时不宜花过多的时间在阅读参考书上.事实上,不同的书都有讨论问题不同的观点与思路,甚至一些定义、记号都不一样.在你对某一部分内容没有深入理解时,不断地调整思路适应不同作者的叙述,是相当累的.而当你真正理解时,就会触类旁通,发现这些不同的说法实际上就是一回事.当然,在阅读参考书的问题上要因人而异.有些同学有余力,扩展知识面与加深思考一些问题都是有意义的.

学生 C　听说数学物理方程的习题有很多运算?

教　师　数学物理方程课程的一个重要内容就是解方程.应该说,当你面临一个难解决的问题,通过已掌握的数学工具能将解找出来,是一件很愉快的事.而要找到解当然就得进行一定的数学运算.这时,对你以前的数学功底,特别是微积分运算的能力就是一次考试.希望大家在遇到这类运算时一定要运算到底.

第二讲 弦振动方程与定解条件的导出

教　师　数学物理方程课程首先遇到的问题就是方程的导出,它是物理现象的数量规律的描述. 这也是一个建立数学模型的问题.

学生 A　建立数学模型需要对所考察问题的物理背景有足够的了解吗?

教　师　是的. 我们先讨论一些较经典的物理现象,如力的相互作用,热的传递等. 这些现象通常在中学的课程中都遇到过,但现在要用微积分的工具来重新描写这些现象.

学生 B　那我们还得重新学习一下.

教　师　先以弦振动现象为模型导出弦振动方程. 如[1]中所述,我们要对弦作一些理想化的假定,即:

（1）弦是均匀的,弦的截面直径与其长度相比可以忽略,因此,弦可以视为一根曲线,它的线密度是常数.

（2）弦在某一平面内作微小横振动,即弦的位置始终在一直线段附近,且各点的运动方向与弦所在的直线方向垂直.

（3）弦是柔软的,它在形变时不抵抗弯曲,弦在各点的伸长形变与所受张力成正比.

学生 C　这么多条,怎么背得下来呢?

教　师　不要背,在导出方程过程中会发现这些假设是必要的.

学生 A　如果没有这些假定会怎样呢?

教　师　如果没有这些假定,推导出的方程可能会更复杂. 这一点我们以后再说.

学生 A　我们还假定了物体运动速度远小于光速,从而不需考虑相对论效应.

教　师　你说得对,但一些常规假定就不一一列举了,否则"假定条件"就更长了. 我们是以牛顿力学为基础来导出运动方程的,即应用牛顿第二定律 $\boldsymbol{F} = m\boldsymbol{a}$,它的另一表述为:

作用在物体上的冲量 = 使该物体产生的动量的变化.

学生 A　弦的各部分受力与运动情况都不一样吧?

教　师　是的,所以要取弦的一个无穷小的小段来讨论其受力与运动情况,再作综合. 为便于理解,先将所取的弦的小段为 $[x, x+\Delta x]$,时间段为 $[t, t+\Delta t]$,在写出这一小段的运动方程后,令 $\Delta x, \Delta t$ 趋于零,舍弃高阶小量,从而得到弦振动方程. 这是微积分学的基本方法,详细推导过程在[1]中已写有,有什么疑问吗?

学生 B　您是否能解释一下前面那么多假定用在哪里呢?

教　师	首先,因为弦的截面与其长度相比可以忽略,就可以将弦看成一条线.从而可以用单变量 x 来表示弦上质点的位置.因为弦在一条直线附近运动,故可以将该直线取为 x 轴,从而建立 x 坐标.

其次,因为弦的运动始终在一个平面内发生,故只需在这个平面上来考察弦上各质点的运动.由于弦仅作横振动,所以可用质点偏离中心线位置的垂直距离 u 来刻画振动.

再则,弦是柔软的假定表示该弦只能承受张力,而不能产生抵抗弯曲的剪切力.这大大简化了关于微小段的弦的受力与形变情况的分析.张力与伸长形变成正比在推导方程过程中明显被用到.弦的均匀特性意味着弦的线密度是常数,也在推导中直接用上了.

学生 C	这么多假定果然一一都用上了.我想问,要是其中某些假定不成立会产生什么情况?

学生 A	齐次弦振动方程的标准形式为 $\dfrac{\partial^2 u}{\partial t^2} = a^2 \dfrac{\partial^2 u}{\partial x^2}$,其中 a 是常数.要是在这些假定中某个不成立,将不同程度地使问题变得复杂.例如:

若弦的线密度不是常数,则方程中的 a 也不会是常数,而且在方程中还会出现一阶项.

若弦所受的张力与伸长形变不成正比,则我们将得到弦的非线性振动方程.非线性方程肯定要比线性方程难得多.

若弦不在一个平面中振动,那么至少得用两个振动量 (u, v)(甚至更多)来刻画弦的振动,这样就将导致方程组的研究.

若弦不是在一条直线附近作微小振动,而是作大幅度振动,那也必定要用非线性方程来刻画.

最后,若弦的粗细不可忽略,那么,就得将弦看成一个三维的弹性体.这时所导出的方程将含有时间变量 t 与空间变量 x, y, z,显然,它要比仅含一个空间变量的弦振动方程复杂得多.

学生 B	原来进一步的考虑有这么多复杂的情形.我想,弦振动方程应该是最基本的吧!

教　师	要将所有因素都考虑进去,问题肯定要复杂得多.我们先集中力量研究弦振动方程,就是抓住问题的本质部分.

学生 C	弦振动方程只是对实际运动的一种近似刻画,我们是否也因此而没有必要对弦振动方程作精确的数学研究了?

教　师	不对.弦振动方程是从实际运动过程提炼出来的一个数学模型,作为一个已提炼成的数学问题,它应该被精确地研究.等式两边的相等就是精确的相等,稍差一点就不行.对方程以及方程的解的性质应该有确切的了解,只有将最基本的方程研究清楚了,才能准确地把握问题的本质,进而过渡到更一般的情形,也只有这样才能应用于实际.而且,基本的弦振动方程也常成为研究较复杂数学问题的工具,这时就更容不得半点误差了.

学生 B	有了刻画运动的弦振动方程,为什么还要有定解条件呢?

教　师	弦振动方程给出了弦运动的一般规律,但要了解一个具体的弦振动的过程,就得与特定的场景条件一起考虑.合适的定解条件的选取才能正确地描写所研究的弦的运动.

学生 A 在常微分方程的求解中所加上的初始条件也属于定解条件吧?

教　师 是的.由于常微分方程不涉及空间变量,故往往初始条件就足以界定一个具体的运动过程.偏微分方程则不同.为确定具体的弦振动过程,除了初始条件外还得有边界条件.

学生 B 什么样的边界条件才是合适的边界条件呢?

教　师 边界条件的选取也要根据实际问题来确定.[1]中列出的三种边界条件是最常见的,即 $u=g,\dfrac{\partial u}{\partial x}=g,\dfrac{\partial u}{\partial x}+\sigma u=g$ 三种.它们分别对应于固定边界、自由边界以及弹性支撑边界的情形.特别是对应于取固定边界条件的狄利克雷问题又是最基本的情形.

学生 C 还有其他类型的边界条件吗?

教　师 有.具体的物理过程往往各有特点,所以边界条件可以是各种各样的.有时在边界上还可以耦合一个常微分方程.但如果对基本的情形有详尽的了解,对于各种特殊的情形也有应对的基础了.

学生 A 所以我们还是应当对教材中所选定的内容达到透彻的理解.

教　师 为了检验你们是否已透彻理解了这些内容,建议大家多做一些习题.

学生 C 在建立方程的习题中还需要具备很多物理知识.

教　师 为了建立数学模型,与此问题相关的物理知识是必要的.本书所选定的习题尽量只用到大家已熟悉的物理知识,必要时在习题中添加一些说明.必须指出的是,以后你们在真刀真枪解决实际问题时,相关的物理知识是没有人帮你们准备的,必须自己去摸索,在实践中逐步做出正确的选择.

学生 B 数学物理方程第一课是数学建模,这与其他的分析、代数、几何等课程都不一样!

教　师 这正体现了这门课程的特点.

学生 A 不管怎样,做习题是很好的练兵,我们要认真对待.

学生 B 在习题中我还看到有所谓弹性杆的纵振动,这是怎么回事?

教　师 在这类振动问题中弹性杆也用一个均匀的直线来表示,弹性杆上诸质点振动时的运动方向与该直线方向一致.

学生 C 这时也要设定很多条件吧?

教　师 是的.例如要求弹性杆每一部分的形变与它所受的应力成正比,即满足胡克定律.有些条件将根据不同情况而定.例如在有些问题中忽略弹性杆自身的重量,但有时候必须考虑该杆自身重量的影响时,就得将它计入.

学生 A 螺旋弹簧就像个弹性杆,弹簧的每个部分都在弹簧的轴线方向上下振动.

教　师 宏观地说,若将螺旋弹簧视为一个均匀的圆柱体时可以这样理解.但就螺旋弹簧的螺旋线上的质点来说,情况更复杂,需要对弹性力学有更多的了解.

学生 A　奇怪的是,柔软的弦的横振动方程与弹性杆的纵振动方程竟然完全相同!

学生 B　而且三类基本的边界条件的形式也是一样的!

教　师　不仅如此,以后你们在其他物体的振动中也会发现它可用弦振动方程来描写.这正是数学抽象的威力,也是它的魅力所在.

以下我们以变截面的弹性杆振动为例导出其运动方程.

例 2.1　设有一长度为 l、截头为圆锥形的弹性杆,其两端的底半径分别为 R 与 $r(R > r)$,杆的密度与杨氏模量分别为 ρ 与 E. 如果杆的一端固定,一端自由,试在杆不受外力的情况下确定杆的纵振动满足的方程与边界条件(设杆中的点只有沿杆轴方向的位移,且在垂直于轴线的任一截面上的振动情况是相同的).

解　取杆的半径为 R 的底面圆心为原点,杆的轴为 x 轴(见图 2.1). 以 $u(x,t)$ 表示杆上平衡时在 x 处的垂直于 x 轴的截面于时刻 t 沿 x 轴方向的位移.为确定 x 处的相对伸长,考察一杆段 $[x, x + \Delta x]$. 在时刻 t,点 x 的位置应为 $x + u(x,t)$,点 $x + \Delta x$ 的位置应为 $x + \Delta x + u(x + \Delta x, t)$.

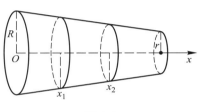

图 2.1

杆段 $[x, x + \Delta x]$ 的相对伸长为 $(u(x + \Delta x, t) - u(x,t))/\Delta x$. 令 $\Delta x \to 0$,即得 x 处的相对伸长为 $\dfrac{\partial u}{\partial x}(x,t)$.

现在来建立 $u(x,t)$ 所满足的方程.取杆段 $[x_1, x_2]$(见图 2.1),此杆段在两端面受应力作用.以 $S(x)$ 表示截头圆锥在 x 处的截面积.由胡克定律可知,两端由应力所产生的作用力分别为

$$-ES(x_1)\frac{\partial u}{\partial x}(x_1, t) \text{ 与 } ES(x_2)\frac{\partial u}{\partial x}(x_2, t).$$

故其合力为

$$ES(x_2)\frac{\partial u}{\partial x}(x_2, t) - ES(x_1)\frac{\partial u}{\partial x}(x_1, t).$$

另外,这一杆段所受的惯性力为

$$\int_{x_1}^{x_2} \frac{\partial^2 u}{\partial t^2}(x,t)\rho S(x)\,\mathrm{d}x.$$

由力的平衡关系有

$$\int_{x_1}^{x_2} \frac{\partial^2 u}{\partial t^2}(x,t)\rho S(x)\,\mathrm{d}x + ES(x_2)\frac{\partial u}{\partial x}(x_2, t) - ES(x_1)\frac{\partial u}{\partial x}(x_1, t) = 0.$$

将上式写成如下积分形式:

$$\int_{x_1}^{x_2} \left[\rho S(x)\frac{\partial^2 u}{\partial t^2}(x,t) - E\frac{\partial}{\partial x}\left(S(x)\frac{\partial u}{\partial x}(x,t)\right)\right]\mathrm{d}x = 0.$$

因上式对一切 $x_1, x_2 \in [0, l]$ 均成立,故得

$$\rho S(x)\frac{\partial^2 u}{\partial t^2}(x,t) - E\frac{\partial}{\partial x}\left(S(x)\frac{\partial u}{\partial x}(x,t)\right) = 0. \tag{2.1}$$

剩下的工作就是写出 $S(x)$ 的显式表达式. 由初等几何计算不难得

$$S(x) = \frac{\pi R^2}{h^2}(h-x)^2,$$

其中 $h = \dfrac{Rl}{R-r}$. 将其代入(2.1)式即得

$$\rho\left(1-\frac{x}{h}\right)^2\frac{\partial^2 u}{\partial t^2} - E\frac{\partial}{\partial x}\left(\left(1-\frac{x}{h}\right)^2\frac{\partial u}{\partial x}\right) = 0. \qquad (2.2)$$

这就是我们所要求的方程.

　　现在来考察边界条件. 设左端$(x=0)$固定, 则相应的边界条件为

$$u(x,t)\big|_{x=0} = 0.$$

设右端$(x=l)$自由, 即无任何约束, 此时端面 $x=l$ 处不受任何力的作用, 故由胡克定律, 其相对伸长应为零, 即

$$\frac{\partial u}{\partial x}(x,t)\bigg|_{x=l} = 0.$$

　　注　在例 2.1 中, 若 $R=r$, 此时 $S(x)=\pi r^2$, 代入(2.1)式得

$$\frac{\partial^2 u}{\partial t^2} - a^2\frac{\partial^2 u}{\partial x^2} = 0,$$

其中 $a^2 = \dfrac{E}{\rho}$. 这就是均匀(截面相同, ρ 为常数)弹性杆的纵振动方程, 它与标准弦振动方程的形式相同$(f=0)$.

教　师　最后, 我们再列出一些习题, 给你们更多的练习机会. 下面的习题中有关于气体振动与电路振荡的方程推导, 在推导这些方程时, 是需要相应的物理知识配合的.

习　　题

　　1. 长度为 l 的均匀弹性杆被铅直地放置在自由下落的电梯内, 其上端刚性地固定在电梯的天花板上, 下端是自由端. 设电梯达到速度 v_0 时突然停止, 试写出杆的微小纵振动所满足的边值问题.

　　2. 在无阻尼的介质中, 一均匀弹性杆的一端刚性地固定着, 另一端受到一个与速度成正比的阻力的作用, 试写出杆的微小纵振动所满足的边值问题.

　　3. 在一圆形管道中充满静止的理想气体. 现管道中有一小扰动, 在扰动的传播过程中, 管道中一切气体分子均作平行于管轴的运动, 且在垂直于管轴的同一横截面内, 气体的状态相同. 设管道一端用不透气的隔板封闭, 另一端开着. 试导出气体流动速度 v 所满足的偏微分方程及相应的定解条件.

　　4. 设有一导线, 其单位长度的电阻 R、自感 L、电容 C 均为常数, 绝缘电阻略去不计. 以 $V(x,t)$ 与 $I(x,t)$ 表示在 t 时刻, 距线路一端距离为 x 的断面处的电压与电流. 试证: V 与 I 满足同样形式的方程

$$u_{xx} = CLu_{tt} + CRu_t.$$

这个方程称为电报方程.

5. 不重的弦(即弦的重量与张力相比很小)在围绕铅直轴以常角速度旋转时位于水平面内,而且弦的一端固定在轴的某一点上,另一端自由. 在初始时刻 $t=0$ 时,弦上的点有一个沿铅直方向的微小偏移与速度. 试给出弦上各点离开水平面的偏移所满足的方程.

6. 在上一题中,若需考虑弦的自身重量,则方程的形式如何?

7. 证明:如果 $u(x,t)$ 是方程 $u_{xx}-u_{tt}=0$ 的解,则函数
$$v(x,t)=u\left(\frac{x}{x^2-t^2},\frac{t}{x^2-t^2}\right)$$
在 $x^2\neq t^2$ 处也满足方程.

8. 证明:如果 $u(x,t)$ 是方程 $u_{xx}-u_{tt}=0$ 的解,且 $u(x,t)$ 存在三阶连续偏导数,则 xu_x+tu_t 与 $u_x^2+u_t^2$ 也是该方程的解.

第三讲　达朗贝尔公式及其应用

教　师　偏微分方程的初值问题即柯西问题是最基本与最常见的定解问题.

学生 A　常微分方程也有初值问题.对常微分方程的初值问题求解时,常常先求出通解,再利用初始条件决定通解表达式中的任意常数.这种方法在解偏微分方程时是否也有效?

学生 B　弦振动方程的达朗贝尔公式就是这么导出的.

学生 C　弦振动方程的达朗贝尔公式真妙,一下子将弦振动方程柯西问题的解用显式表示出来了.要是偏微分方程的各类问题都能这样求解就好啦.

教　师　可是这样的机会太少了.偏微分方程一般是很难得到通解的表达式的.18 世纪偏微分方程刚刚引起人们注意时,达朗贝尔等人利用研究常微分方程的思考方式研究了弦振动方程的定解问题,在 1746 年得到了解的表达式.但是,以后的研究发现,能像达朗贝尔公式那样,用有限积分的形式得出偏微分方程定解问题的解是很特殊的情形.

学生 B　在解题中利用达朗贝尔公式将初始条件代入求解很简单.它是否有更多的应用呢?

教　师　达朗贝尔公式不仅给出了弦振动方程柯西问题的解的表达式,而且从中可以导出弦振动方程的一些重要性质.下面对弦振动方程引入依赖区间、决定区域、影响区域等概念,它们可叙述如下:

过 (x,t) 平面上任一点 (x_0,t_0) 作直线 $x-x_0=\pm a(t-t_0)$,两条直线所截下 x 轴上的一段 (x_0-at_0,x_0+at_0),称为 (x_0,t_0) 点的依赖区间.

在 $x=0$ 直线上给定一区间 (x_1,x_2),由两端作直线 $x=x_1+at$,$x=x_2-at$,该两直线与 x 轴所围成的区域称为 (x_1,x_2) 的决定区域.

在 $x=0$ 直线上给定一区间 (x_1,x_2),由两端作直线 $x=x_1-at$,$x=x_2+at$,在 $x>0$ 半平面上该两直线中间所夹的区域称为 (x_1,x_2) 的影响区域.

学生 A　依赖区间、决定区域、影响区域三个概念实际上说的是一回事.只是正过来、倒过去看同一个现象.

教　师　对!你抓住问题的本质了.只要这三个概念有一个成立,就可导出相应的另两个概念.它们统称为扰动的有限传播速度性质.以后你们还会看到,扰动的有限传播速度性质不仅对弦振动方程成立,而且对以弦振动方程为代表的一大类偏微分方程都成立.

学生 A　在空气中声音传播的速度是有限的,是否也是一种扰动有限传播速度性质?

教　师　对!这是高维波动方程的扰动有限传播速度性质,以后你会学到.

学生 A　我注意到决定区域与影响区域的边界都是形为 $x\pm at=\text{const}$ 的直线,其中 a 为正常数,表示传播速度,函数 $F(x-at)$ 表示波形 $F(x)$ 以速度 a 往右传播.

相仿地,以 $x+at$ 为变元的函数 $G(x+at)$ 表示波形 $G(x)$ 以速度 a 往左传播.

教 师 这些直线称为特征线(characteristic lines).你们看,以 $x-at$ 或 $x+at$ 为变元的函数就满足弦振动方程.这样的函数有什么性质? 以 $F(x-at)$ 为例,它在 $x-at=\mathrm{const}$ 时,其值不变.这就是说,在弦振动过程中扰动是沿着这样的直线传播的.扰动传播轨迹的特征线在偏微分方程理论的研究中起着重要的作用.

学生 C 我翻阅过一些介绍数学专业名词的书籍,里面除特征线外,还有特征射线、特征面、特征流形、特征形式、特征集,以及什么次特征、重特征等概念,这些概念都与上面所说的特征线有关吗?

教 师 都有关联.我们上面所说的特征线是最基本的,以此为基础又发展出了其他概念.它们统称为"特征".你们在以后的学习中会逐步体会到"特征"在偏微分方程研究中的重要作用.

教 师 达朗贝尔公式还可用来解一些其他的定解问题,以下我们介绍一个例题.

例 3.1 设 k 为满足 $0<k<a$ 的常数,求以下边值问题的解:

$$\begin{cases} u_{tt}-a^2u_{xx}=0, \quad t>0, \quad kt<x<at, \\ u\big|_{x=kt}=\psi(x), \\ u\big|_{x=at}=\varphi(x), \end{cases} \tag{3.1}$$

其中 $\psi(0)=\varphi(0)$.

解 设 u 具有形式

$$u(x,t)=F(x-at)+G(x+at),$$

其中 F,G 的形式待定.令 $t=\dfrac{x}{a}$,得

$$\varphi(x)=F(0)+G(2x).$$

所以

$$G(x)=\varphi\left(\frac{x}{2}\right)-F(0),$$

$$u(x,t)=F(x-at)+\varphi\left(\frac{x+at}{2}\right)-F(0).$$

再在上式中令 $t=\dfrac{x}{k}$,得

$$\psi(x)=F\left(x-\frac{a}{k}x\right)+\varphi\left(\frac{k+a}{2k}x\right)-F(0).$$

从而有

$$F\left(\left(1-\frac{a}{k}\right)x\right)=\psi(x)-\varphi\left(\frac{k+a}{2k}x\right)+F(0),$$

$$F(x)=\psi\left(\frac{kx}{k-a}\right)-\varphi\left(\frac{k+a}{2(k-a)}x\right)+F(0).$$

将此代回到 $u(x,t)$ 的表达式,得

$$u(x,t) = \psi\left(\frac{k}{k-a}(x-at)\right) - \varphi\left(\frac{k+a}{2(k-a)}(x-at)\right) + \varphi\left(\frac{x+at}{2}\right). \qquad (3.2)$$

这就是问题的解.

学生 B　需要验证吗?

教　师　求解过程中的每一步都是必然的,故不需要再作验证. 当然,你若担心运算过程出错,可以自行验证一下.

(3.1)所示的定解问题是弦振动方程的边值问题. 在习题中我们也会给出一些其他的边值问题,它们可以利用弦振动方程的通解表达式或达朗贝尔公式解出.

学生 B　在求非齐次弦振动方程柯西问题的解时,将它化成齐次弦振动方程的柯西问题来解,这个做法很妙. 怎么想到这一方法的呢?

教　师　在数学物理方程中很多概念或方法都有其物理背景. 齐次化原理就是一个很好的例子. 齐次化原理在国外的文献中一般称为 Duhamel 原理. 它是求解非齐次线性偏微分方程的一个常用的方法. 非齐次弦振动方程的右端项表示持续外力的作用. 在物理上,这样持续外力的作用可以通过不断地对所考察的物体加冲量来实现. 为了理解这一点,我们还将连续变化的时间分成许多小段,在每一小段中扰动速度、外力等都保持不变、然后再将这些效应累积起来.

学生 A　还得取极限.

学生 B　这不就是微积分中常用的技巧吗?

教　师　正是这样. 在偏微分方程的研究中微积分学的思想是无处不在的. 当熟悉了这个过程后,就可跳过将连续变化过程视为许多跳跃变化累积再取极限的过程. 例如,在导出非齐次弦振动方程初值问题

$$\begin{cases} \dfrac{\partial^2 u}{\partial t^2} - a^2 \dfrac{\partial^2 u}{\partial x^2} = f(x,t), & t > 0, \\[2mm] t = 0 : u = 0, & \dfrac{\partial u}{\partial t} = 0 \end{cases}$$

的解的表达式时,可直接引入依赖于参数 τ 的辅助初值问题

$$\begin{cases} \dfrac{\partial^2 w}{\partial t^2} - a^2 \dfrac{\partial^2 w}{\partial x^2} = 0, & t > \tau, \\[2mm] t = \tau : w = 0, & \dfrac{\partial w}{\partial t} = f(x,\tau). \end{cases}$$

然后,该辅助问题的解 $w(x,t;\tau)$ 关于参数 τ 的积分 $\displaystyle\int_0^t w(x,t;\tau)\,\mathrm{d}\tau$ 就是原初值问题的解.

学生 B　验证后可得知它确实满足方程与初始条件.

教　师　在用齐次化原理导出解的表达式时为什么需要验证呢? 因为导出解的过程是一种含启发性的想法. 从数学分析的角度来看实际上涉及两个极限过程. 这两个极限过程能否交换次序并无严格的论证,所以得到的结果需要验证. 但当我们利用齐次化原理建立了非齐次弦振动方程解的公式以后,在具体的初始条件及右端项给定时,就可直接应用已得到的公式,而不必再每次验证了.

学生 C　这倒很方便. 但如果方程的系数不是常系数时,是否仍有齐次化原理?

教　师　首先,我们得强调,上述过程基于叠加原理,也就是说只能对线性偏微分方程才有这样的齐次化原理可言. 如果方程的系数仅依赖于 x,上述做法完全可行. 但如果方程的系数还依赖于时间 t,那时齐次化原理的基本思想仍可用,但具体实现时所涉及的运算要复杂些. 这已超出本课程的基本内容,我们不准备多介绍了.

习　　题

1. 求弦振动方程的古尔萨问题

$$\begin{cases} u_{tt} - 4u_{xx} = 0, \quad t > 0, \quad -2t < x < 2t, \\ u\big|_{x=2t} = x^2, \\ u\big|_{x=-2t} = \sin x \end{cases}$$

的解.

2. 设 $ABCD$ 为平面上由特征线所围成的平行四边形,u 为齐次弦振动方程的解. 证明

$$u(A) + u(C) = u(B) + u(D).$$

3. 求解如下半有界弦的定解问题:

$$\begin{cases} u_{tt} - a^2 u_{xx} = 0, \quad x > 0, \ t > 0, \\ u\big|_{t=0} = \varphi(x), \quad u_t\big|_{t=0} = \psi(x), \\ u_x\big|_{x=0} = 0. \end{cases}$$

4. 求解如下广义柯西问题:

$$\begin{cases} u_{xy} = 0, \quad |x| < 1, \ 0 < y < 1, \\ u\big|_{y=x^2} = \varphi(x), \\ u_y\big|_{y=x^2} = \psi(x). \end{cases}$$

5. 求解

$$\begin{cases} u_{tt} - a^2 u_{xx} = 0, \quad x > 0, \ t > 0, \\ u\big|_{t=0} = \varphi(x), \quad u_t\big|_{t=0} = 0, \\ u_x - ku_t\big|_{x=0} = 0, \end{cases}$$

其中 k 为正常数.

6. 求解边值问题

$$\begin{cases} u_{tt} - u_{xx} = 0, & 0 < t < kx,\ k > 1, \\ u\mid_{t=0} = \varphi_0(x), \\ u_t\mid_{t=0} = \varphi_1(x), & x \geqslant 0, \\ u\mid_{t=kx} = \psi(x), \end{cases}$$

其中 $\varphi_0(0) = \psi(0)$.

7. 求解如下广义柯西问题：

$$\begin{cases} u_{tt} - u_{xx} = 0, & t > 0,\ kx < t(0 < k < 1), \\ u\mid_{t=0} = \varphi_0(x), & x \leqslant 0, \\ u_t\mid_{t=0} = \varphi_1(x), & x \leqslant 0, \\ u\mid_{t=kx} = \psi_0(x), & x \geqslant 0, \\ u_t\mid_{t=kx} = \psi_1(x), & x \geqslant 0, \end{cases}$$

其中 $\varphi_0(0) = \psi_0(0)$.

8. 求柯西问题

$$\begin{cases} u_{tt} - a^2(u_{xx} + u_{yy} + u_{zz}) = 0, & t > 0,\ r < \infty, \\ u\mid_{t=0} = 0, & r < \infty, \\ u_t\mid_{t=0} = \begin{cases} 1, r \leqslant r_0, \\ 0, r > r_0 \end{cases} \end{cases}$$

的球对称解，其中 $r = \sqrt{x^2 + y^2 + z^2}$, r_0 为一正常数.

9. 证明：在柯西问题

$$\begin{cases} u_{tt} - a^2 u_{xx} = f(x,t), & t > 0,\ -\infty < x < \infty, \\ u(x,0) = u_t(x,0) = 0 \end{cases}$$

中，如果 $f(x,t)$ 是 x 的奇函数，则 $u(0,t) \equiv 0$；如果 $f(x,t)$ 是 x 的偶函数，则 $u_x(0,t) \equiv 0$.

10. 求解下述边值问题：

$$\begin{cases} u_{tt} - u_{xx} = 0, & x < t < f(x), \\ u\mid_{t=x} = \varphi(x), \\ u\mid_{t=f(x)} = \psi(x), \end{cases}$$

其中 $t = f(x)$ 为由原点出发的、介于特征线 $x = t$ 与 $x = -t$ 之间的光滑曲线，且对一切 x, $f'(x) \neq 1$. $\varphi(0) = \psi(0)$.

11. 求解如下半有界弦的定解问题：

$$\begin{cases} u_{tt} - a^2 u_{xx} = 0, \\ u\mid_{x=0} = A\sin^2\omega t, \\ u\mid_{t=0} = u_t\mid_{t=0} = 0, \end{cases}$$

其中 A, ω 为常数.

12. 对于电报方程 $u_{xx} = CLu_{tt} + (CR + LG)u_t + GRu$, 设 $RC = LG$. 试证明存在常数 μ, 使新的未知函数 $w(x,t) = e^{\mu t}u(x,t)$ 满足波动方程.

13. 求解初值问题：

$$\begin{cases} u_{tt} - a^2 u_{xx} + 2u_t + u = 0 \quad （a > 0 \text{ 为常数}）, \\ u\big|_{t=0} = 0, \\ u_t\big|_{t=0} = x. \end{cases}$$

14. 求以下定解问题的解：

（1）$\begin{cases} u_{xy} = 0, \\ u\big|_{x=0} = \mathrm{e}^y, \\ u\big|_{y=x} = \cos 2x; \end{cases}$　　　　　　（2）$\begin{cases} u_{xy} = x^2 y, \\ u\big|_{y=0} = x^2, \\ u\big|_{x=1} = \cos y. \end{cases}$

15. 求初值问题

$$\begin{cases} y^2 u_{xy} + u_{yy} - \dfrac{2}{y} u_y = 0, \quad y > 1, \\ u\big|_{y=1} = 1 - x, \\ u_y\big|_{y=1} = 3. \end{cases}$$

的解.

16. 设 $u(x, t; a)$ 是柯西问题

$$\begin{cases} u_{tt} = a^2 u_{xx}, \\ u\big|_{t=0} = \dfrac{1}{1 + x^2}, \\ u_t\big|_{t=0} = 0 \end{cases}$$

的解. 证明 $u(x, t; a)$ 关于 a 是递降的.

17. 设 $u(x, t)$ 是柯西问题

$$\begin{cases} u_{tt} = 9 u_{xx}, \\ u\big|_{t=0} = 0, \\ u_t\big|_{t=0} = (1 + x^2)^\alpha \end{cases}$$

的解. 求所有的 α，它使 $\lim\limits_{t \to +\infty} u(0, t)$ 存在且有限.

第四讲 分离变量法

教　师　分离变量法是偏微分方程研究中最早被广泛应用的方法,至今仍有重要的作用.

学生 A　分离变量法就是求变量分离形式的解,即将 $u(x,t)$ 写成 $X(x)T(t)$ 形式的解吗?

教　师　是具有这类形式的函数的叠加.因为光是单个这样形式的函数是很难同时满足方程与诸定解条件的要求的,而无穷个这类函数的叠加会使这样的要求可以实现.

学生 B　一个方程的两个不同解叠加起来仍然是解吗?

教　师　如果方程是线性偏微分方程,则不同的解的叠加仍然是解;如果方程是非线性偏微分方程,这一事实就不成立.

学生 C　线性偏微分方程的解是线性函数吗?

教　师　你将两个概念混淆了.线性偏微分方程指在微分方程的表示形式中,未知函数与未知函数的偏导数都以线性形式出现.如弦振动方程中 u 关于 x 的二阶导数以及它关于 t 的二阶导数都以一次形式出现,故弦振动方程是线性偏微分方程,有时就简称线性方程.它的解可不见得是线性函数.

学生 B　能否简要地将分离变量法的主要步骤再归纳一下?

教　师　好的.首先我们确定所要讨论的问题.例如,讨论边界条件取狄利克雷条件的初边值问题

$$
(1) \quad \begin{cases} \dfrac{\partial^2 u}{\partial t^2} - a^2 \dfrac{\partial^2 u}{\partial x^2} = 0, & (4.1) \\[2mm] u(x,0) = \varphi(x), \quad \dfrac{\partial u}{\partial t}(x,0) = \psi(x), & (4.2) \\[2mm] u(0,t) = u(l,t) = 0. & (4.3) \end{cases}
$$

这里所求的解 $u(x,t)$ 是定义在乘积空间 $(0,l) \times (0, +\infty)$ 上的.用求解的分离变量法的主要步骤是:

第一步,将形式为 $u(x,t) = X(x)T(t)$ 的单个函数代入方程,进行变量分离后得到

$$
\frac{T''(t)}{a^2 T(t)} = \frac{X''(x)}{X(x)}. \tag{4.4}
$$

第二步,利用 $u(x,t)$ 所应满足的边界条件,导出 $X(x)$ 所应满足的边界条件,从而得到 $X(x)$ 所应满足的一个常微分方程特征值问题(eigenvalue problem).

第三步,通过解特征值问题决定特征值 λ_k 以及相应的特征函数,记为 $X_k(x)$.在本问题中,$\lambda_k = \dfrac{k^2 \pi^2}{l^2}, X_k(x) = C_k \sin \dfrac{k\pi}{l} x.$

第四步,决定相应的 $T_k(t)$ 的形式.

第五步,以 $\sum X_k(x)T_k(t)$ 的函数叠加形式给出 $u(x,t)$,并将初始资料作傅里叶展开,从而决定解的无穷级数表达式中的常数.

学生 C　一气呵成,太好了! 只是最后所得到的解的表达式是一个无穷级数,我看到这个无穷级数时不像以前看到达朗贝尔公式那样踏实.

教　师　我上次已说过,像达朗贝尔公式那样,能将偏微分方程定解问题的解用有限形式的显式表达式表达出来的情形实在太少,而能用一个收敛的无穷级数将问题的解表示出来也是很不容易的.历史上为了获得这样的表达式也有过纠结与争论.

学生 A　什么样的争论?

教　师　18 世纪的一些数学家,如丹尼尔·伯努利等注意到同一根弦能发出各种不同频率的声音,即可允许有不同频率的解.他在 18 世纪中叶就认为弦振动方程可以有无穷级数形式的解.但是,由于在 18 世纪对一个一般的函数是否能用无穷三角级数来表示还不清楚,因此,对于能否用无穷级数的形式来表示一个偏微分方程的解是有争议的.这个问题的完整回答是傅里叶在 19 世纪完成的.傅里叶在 19 世纪初从事热流动的研究,他在 1822 年发表了数学的经典文献《热的解析理论》(Theorie analytique de la chaleur),奠定了分离变量法的基础.但是,他这篇论文在 1807 年及 1811 年的原始版本曾被法国巴黎科学院所拒绝而未能及时发表,十余年以后他的重要成果才被人们承认.如果你们对这段历史有兴趣,可以阅读美国人 Morris Kline 写的《古今数学思想》一书.

学生 C　傅里叶真不简单.创建了这么好的方法.

教　师　可是,当你们在学习与赞叹傅里叶创建的分离变量法时,是否也看到了分离变量法的局限性呢?

学生 B　局限性?

教　师　是的.其实每一种方法(或理论)都会有其局限性,只有在了解该方法优点的同时也了解其局限性,才能对它有深入的理解.

学生 C　我知道,分离变量法只能用于线性方程的求解,不能用于非线性方程的求解.

学生 A　在前面所述五步的第一步中,将原始的偏微分方程分离成两个常微分方程时,要求系数也能相应地分离.在标准弦振动方程的情形,系数是常数,所以,偏微分方程可以顺利地被分离.

教　师　是的.如果系数是变量 x 的函数,还可按上述步骤做;如果系数还依赖于 t,那应用分离变量法就有困难了.

学生 B　在第二步与第三步中导出了一个常微分方程的特征值问题,这个问题总能解吗?

学生 C　第四步决定函数 $T_k(t)$ 应该没有什么问题吧?

学生 A　在第五步,将初始资料作傅里叶展开是否也会有点问题? 前面常微分方程得到的特征函数系有什么性质？初始资料一定能按此函数系展开吗？

学生 B 即使展开成立,按第五步决定的级数是否收敛呢？而且收敛所得到的函数是否就是我们所期待的解呢？

学生 C 啊！本来觉得很妙的方法,怎么问题越想越多了!

教 师 别着急,你们所想到的问题都很重要,但这些问题已经通过研究完全得到了解决.不仅对弦振动方程,而且对广泛得多的一类偏微分方程都已有肯定的结论.上述步骤已被证明都是合理可行的,但完整的证明需要一定的泛函分析知识,故我们还不能在数学物理方程基础课中对一般的结论作证明.在本课程中我们只将每个具体的情形进行讨论,并将由分离变量法得到的解进行验证,以此说明我们真正找到了问题的解.

学生 A 在问题(1)的讨论中,由第二步导出的特征值问题是

$$X''(x) + \lambda X(x) = 0, \quad X(0) = X(l) = 0, \tag{4.5}$$

它的解是三角函数,这倒是容易得到的.

教 师 我们在微积分课程中已经知道,三角函数系

$$\left\{ \sin \frac{k\pi}{l} x \right\} \quad (k = 1, 2, \cdots) \tag{4.6}$$

在 $(0, l)$ 上是正交的.任何一个在 $[0, l]$ 上连续可微的函数,如果满足条件两端点的值相等,则它必能依照该三角函数系作傅里叶展开,且得到的三角级数收敛于原函数.于是,由第五步所建立的无穷级数也会收敛于一个连续函数.

学生 B 能否断定这个函数就是问题的解呢？

教 师 要验证级数所收敛的极限就是原始问题的解,就要使该极限函数能对方程中出现的导数有意义.这就要求初始资料满足更多的条件,其中包括初始资料中函数的正则性要求以及在弦的两端点的相容性要求.在[1]的定理 3.1 中就给出了这样的条件,但那里给出的条件是充分条件.由于尽可能降低对初始资料的要求会导致复杂的论证,所以本课程中不将在这方面做过多的讨论.

当初始资料满足所列举的条件时,关于由分离变量法所得到的函数确实是原始问题的解的论证在[1]中已有证明,细细阅读应可以读懂.

学生 A 当初始资料 (φ, ψ) 不满足[1]的定理 3.1 中的条件时,用分离变量法构造的级数也可能收敛,这时收敛的函数 $u(x, t)$ 是否有意义？

教 师 如果记初始资料为 (φ, ψ),此时往往可以构造一系列近似的初始资料 (φ_n, ψ_n),使得 (φ_n, ψ_n) 满足定理 3.1 的条件,且当 $n \to \infty$ 时 (φ_n, ψ_n) 收敛于 (φ, ψ).这时应用分离变量法由初始资料 (φ_n, ψ_n) 得到的真解 $u_n(x, t)$ 也会收敛于 $u(x, t)$.所以我们可以在较弱的意义下接受 $u(x, t)$ 是所讨论初边值问题的解,这类解也称为广义解,以后还有机会详细研究.

学生 A 弦振动方程初边值问题的解可以用一个无穷级数来表达,其中每一项本身也都是方程的解.这就是说,这个解是由无穷个解合成的.

学生 B 将弦振动方程的解理解成该弦发出的声音,那么弦发出的声音是由无穷个不同频率、不同强度的基音所合成的.

教　师 完全正确.如果弦振动方程的解是形为

$$u_k(x,t) = \left(A_k \cos \frac{k\pi a}{l}t + B_k \sin \frac{k\pi a}{l}t \right) \sin \frac{k\pi}{l}x \qquad (4.7)$$

的函数的叠加. $u_k(x,t)$ 可以写成

$$N_k \cos(\omega_k t + \theta_k) \sin \frac{k\pi}{l}x,$$

其中

$$N_k = \sqrt{A_k^2 + B_k^2}, \quad \omega_k = \frac{k\pi a}{l}, \quad \cos \theta_k = \frac{A_k}{\sqrt{A_k^2 + B_k^2}}, \quad \sin \theta_k = \frac{-B_k}{\sqrt{A_k^2 + B_k^2}}.$$

在物理上 N_k 称为振幅, ω_k 称为圆频率, θ_k 称为初位相.单个圆频率的振动是简谐振动,它的声音较单调.多个不同圆频率的振动合在一起给出各种不同音色的声音.

学生 A 在形为(4.7)的无穷级数中,是否有些项起主要作用?

教　师 一般说来,首项起最主要的作用,它称为振动的基频.由傅里叶级数系数决定的公式可知,当一个函数具有连续导数时,它的傅里叶级数展开的系数将随项数增大而趋于零(例如见[1]中引理 3.1 的证明).所以,在(4.7)的级数表示式中频率很高的项所对应的振幅一般都很小,从而可以忽略,该振动发出声音的频率就以其基频表示.

学生 B 圆频率的表示式中 $\omega_k = \frac{k\pi a}{l} = \frac{k\pi}{l}\sqrt{\frac{T}{\rho}}$,在特定的弦振动问题中,所有可能得到的音频都是基频的倍数.

学生 A 所以当 l 增加时,基频就会减小,当张力 T 增加时,其基频会增加.这是各类乐器调音时的基本原理吧?

教　师 正是如此.我还可以告诉大家,在钢琴的键盘上黑白健的分布也可以用弦振动方程的解的性质来说明.

学生 C 弹钢琴的音乐家未必想到弦振动方程的求解.

教　师 但在钢琴的设计上确实与弦振动方程的研究有关.18 世纪中叶,弦振动方程的研究引起人们的兴趣与重视就与它在声学理论中的出色应用有关.

学生 B 这倒是个很有趣的问题,能否说得详细些?

教　师 解释起来就话长了.你们有兴趣的话可以阅读参考书[12],其中有较详细的介绍.

教　师 分离变量法是偏微分方程理论中的一个经典方法,在[1]中,也不止一次地提到它.由于在应用分离变量法解题时往往会涉及无穷级数诸系数的计算,希望大家在运算时要仔细,并坚持算到底.

学生 C 每道题都是对我学过的微积分课程的一次考试!

例 4.1 求解初边值问题

$$\begin{cases} u_{tt} - a^2 u_{xx} + 2\alpha u_t = 0, & (4.8) \\ u\big|_{t=0} = \varphi(x), \quad u_t\big|_{t=0} = \psi(x), & (4.9) \\ u\big|_{x=0} = 0, \quad u\big|_{x=l} = 0, & (4.10) \end{cases}$$

其中 α 为正常数.

解 设 $u(x,t) = X(x)T(t)$,代入方程得

$$\frac{X''}{X} = \frac{T'' + 2\alpha T'}{a^2 T}(= -\lambda).$$

由此得特征值问题

$$\begin{cases} X'' + \lambda X = 0, \\ X(0) = X(l) = 0, \end{cases} \quad (4.11)$$

以及 T 满足的方程

$$T'' + 2\alpha T' + \lambda a^2 T = 0. \quad (4.12)$$

对特征值问题(4.11),我们已经知道其特征值及相应的特征函数为

$$\lambda_n = \left(\frac{n\pi}{l}\right)^2, \quad X_n(x) = \sin\frac{n\pi}{l}x, \quad n = 1, 2, \cdots.$$

现对 $\lambda = \lambda_n$ 来求解方程(4.12).这个常微分方程的特征方程为

$$\mu^2 + 2\alpha\mu + \lambda_n a^2 = 0,$$

其根为 $\mu = -\alpha \pm \sqrt{\alpha^2 - \lambda_n a^2}$.根据 $\alpha^2 - \lambda_n a^2$ 为正、零与负,我们可得

$$T_n(t) = \begin{cases} \mathrm{e}^{-\alpha t}\left(a_n \mathrm{e}^{-\sqrt{\alpha^2 - \lambda_n a^2}\,t} + b_n \mathrm{e}^{\sqrt{\alpha^2 - \lambda_n a^2}\,t}\right), & n < \dfrac{\alpha l}{a\pi}, \\[2mm] \mathrm{e}^{-\alpha t}(a_n + b_n t), & n = \dfrac{\alpha l}{a\pi}, \\[2mm] \mathrm{e}^{-\alpha t}\left(a_n \cos\sqrt{\lambda_n a^2 - \alpha^2}\,t + b_n \sin\sqrt{\lambda_n a^2 - \alpha^2}\,t\right), & n > \dfrac{\alpha l}{a\pi}. \end{cases}$$

而

$$u(x,t) = \sum_{n=1}^{\infty} T_n(t)\sin\frac{n\pi}{l}x. \quad (4.13)$$

由初始条件(4.9)有

$$\begin{cases} a_n + b_n = \tilde{a}_n, \\ -\alpha(a_n + b_n) + \sqrt{\alpha^2 - \lambda_n a^2}(b_n - a_n) = \tilde{b}_n, \end{cases} \quad n < \frac{\alpha l}{a\pi};$$

$$\begin{cases} a_n = \tilde{a}_n, \\ -\alpha a_n + b_n = \tilde{b}_n, \end{cases} \quad n = \frac{\alpha l}{a\pi};$$

$$\begin{cases} a_n = \tilde{a}_n, \\ -\alpha a_n + \sqrt{\lambda_n a^2 - \alpha^2}\, b_n = \tilde{b}_n, \end{cases} \quad n > \frac{\alpha l}{a\pi},$$

其中

$$\tilde{a}_n = \frac{2}{l}\int_0^l \varphi(x)\sin\frac{n\pi}{l}x\,\mathrm{d}x, \quad \tilde{b}_n = \frac{2}{l}\int_0^l \psi(x)\sin\frac{n\pi}{l}x\,\mathrm{d}x. \quad (4.14)$$

由以上诸式可解得

$$\begin{cases} a_n = \dfrac{1}{2}\left(\tilde{a}_n - \dfrac{1}{\sqrt{\alpha^2 - \lambda_n a^2}}(\tilde{a}_n + \tilde{b}_n) \right), \\ b_n = \dfrac{1}{2}\left(\tilde{a}_n + \dfrac{1}{\sqrt{\alpha^2 - \lambda_n a^2}}(\tilde{a}_n + \tilde{b}_n) \right), \end{cases} \quad n < \dfrac{\alpha l}{a\pi}; \qquad (4.15)$$

$$\begin{cases} a_n = \tilde{a}_n, \\ b_n = \alpha \tilde{a}_n + \tilde{b}_n, \end{cases} \quad n = \dfrac{\alpha l}{a\pi}; \qquad (4.16)$$

$$\begin{cases} a_n = \tilde{a}_n, \\ b_n = \dfrac{1}{\sqrt{\lambda_n a^2 - \alpha^2}}(\alpha \tilde{a}_n + \tilde{b}_n), \end{cases} \quad n > \dfrac{\alpha l}{a\pi}. \qquad (4.17)$$

最后我们得

$$u(x,t) = e^{-\alpha t}\sum_{n < \frac{\alpha l}{a\pi}} (a_n e^{-\sqrt{\alpha^2 - \lambda_n a^2}\,t} + b_n e^{\sqrt{\alpha^2 - \lambda_n a^2}\,t})\sin\frac{n\pi}{l}x + e^{-\alpha t}(a_{n_0} + b_{n_0}t)\sin\frac{n_0\pi}{l}x +$$

$$e^{-\alpha t}\sum_{n > \frac{\alpha l}{a\pi}} (a_n\cos\sqrt{\lambda_n a^2 - \alpha^2}\,t + b_n\sin\sqrt{\lambda_n a^2 - \alpha^2}\,t)\sin\frac{n\pi}{l}x, \qquad (4.18)$$

其中 a_n, b_n 由 $(4.15) \sim (4.17)$ 诸式确定, $n_0 = \dfrac{\alpha l}{a\pi}$, 如果 $\dfrac{\alpha l}{a\pi}$ 不为整数, 则 (4.18) 式右边的中间一项不出现.

习 题

1. 求以下初边值问题的解:

$$\begin{cases} u_{tt} - a^2 u_{xx} = 0, \quad 0 < x < l, \ t > 0, \\ u\big|_{x=0} = u\big|_{x=l} = 0. \end{cases}$$

初始条件为

(1) $u(x,0) = A\sin\dfrac{m\pi}{l}x, u_t(x,0) = v_0$, 其中 m 为正整数, A, v_0 为常数;

(2) $u(x,0) = \dfrac{4h}{l^2}x(l-x), u_t(x,0) = 0$, 其中 h 为常数;

(3) $u(x,0) = \begin{cases} x, 0 \leqslant x \leqslant \dfrac{l}{2}, \\ l-x, \dfrac{l}{2} < x \leqslant l, \end{cases} \quad u_t(x,0) = 0;$

(4) $u(x,0), u_t(x,0) = \begin{cases} 1, \quad 0 \leqslant x \leqslant \dfrac{l}{2}, \\ 0, \quad \dfrac{l}{2} < x \leqslant l. \end{cases}$

2. 求弦振动方程

$$u_{tt} - a^2 u_{xx} = 0, \quad 0 < x < l, \ t > 0$$

满足以下定解条件的解：

（1）$u\big|_{x=0} = u_x\big|_{x=l} = 0$，

　　　$u\big|_{t=0} = \sin\dfrac{3}{2l}\pi x, \quad u_t\big|_{t=0} = \sin\dfrac{5}{2l}\pi x$；

（2）$u_x\big|_{x=0} = u_x\big|_{x=l} = 1 - t$，

　　　$u\big|_{t=0} = x, \quad u_t\big|_{t=0} = 0.$

3. 求解以下的初边值问题：

（1）$\begin{cases} u_{tt} - u_{xx} + u = 0, \quad 0 < x < 1, \ t > 0, \\ u\big|_{x=0} = u\big|_{x=1} = 0, \\ u\big|_{t=0} = x^2 - x, \quad u_t\big|_{t=0} = 0; \end{cases}$

（2）$\begin{cases} u_{tt} - u_{xx} + 2u_t + u = 0, \quad 0 < x < \pi, \ t > 0, \\ u\big|_{x=0} = u\big|_{x=\pi} = 0, \\ u\big|_{t=0} = \pi x - x^2, \quad u_t\big|_{t=0} = 0; \end{cases}$

（3）$\begin{cases} u_{tt} - u_{xx} + 2u_t + u = 0, \quad 0 < x < \pi, \ t > 0, \\ u_x\big|_{x=0} = u\big|_{x=\pi} = 0, \\ u\big|_{t=0} = 0, \quad u_t\big|_{t=0} = \pi - x. \end{cases}$

4. 求解初边值问题

$$\begin{cases} u_{tt} - a^2 u_{xx} = g, \quad 0 < x < l, \ t > 0, \\ u\big|_{x=0} = u_x\big|_{x=l} = 0, \\ u\big|_{t=0} = 0, \quad u_t\big|_{t=0} = v_0, \end{cases}$$

其中 g 为重力加速度，v_0 为常数.

5. 求解初边值问题

$$\begin{cases} u_{tt} - a^2 u_{xx} = 0, \quad 0 < x < l, \ t > 0, \\ u\big|_{x=0} = 0, \quad u_x\big|_{x=l} = E, \\ u\big|_{t=0} = Ex, \quad u_t\big|_{t=0} = 0, \end{cases}$$

其中 E 为常数.

6. 求解初边值问题

$$\begin{cases} u_{tt} - a^2 u_{xx} + 2\nu u_t = 0, \quad 0 < x < l, \ t > 0, \\ u_x\big|_{x=0} = 0, \quad u\big|_{x=l} = At, \\ u\big|_{t=0} = u_t\big|_{t=0} = 0. \end{cases}$$

其中 $0 < \nu < \dfrac{\pi}{2l}$，$\nu$ 与 A 均为常数.

7. 求解以下初边值问题：

（1）$\begin{cases} u_{tt} - a^2 u_{xx} = A\sin\omega t, \quad 0 < x < l, \ t > 0, \\ u\big|_{x=0} = u\big|_{x=l} = 0, \\ u\big|_{t=0} = u_t\big|_{t=0} = 0, \end{cases}$

其中 A,ω 均为常数,且 $\omega \neq \dfrac{k\pi a}{l}$, k 为非负整数;

$$(2)\begin{cases} u_{tt} - a^2 u_{xx} = b\,\mathrm{sh}\,x, \\ u|_{x=0} = u|_{x=l} = 0, \\ u|_{t=0} = u_t|_{t=0} = 0. \end{cases}$$

8. 求解以下初边值问题:

$$(1)\begin{cases} u_{tt} - u_{xx} + 2u_t = 8e^t \cos x, & 0 < x < \dfrac{\pi}{2}, \ t > 0, \\ u_x|_{x=0} = 2t, \quad u|_{x=\frac{\pi}{2}} = \pi t, \\ u|_{t=0} = \cos x, \quad u_t|_{t=0} = 2x; \end{cases}$$

$$(2)\begin{cases} u_{tt} - u_{xx} - 4u = 2\sin^2 x, & 0 < x < \pi, \ t > 0, \\ u_x|_{x=0} = u_x|_{x=\pi} = 0, \\ u|_{t=0} = u_t|_{t=0} = 0; \end{cases}$$

$$(3)\begin{cases} u_{tt} - u_{xx} - 4u = 2\sin 2x\cos x, & 0 < x < \dfrac{\pi}{2}, \ t > 0, \\ u|_{x=0} = u_x|_{x=\frac{\pi}{2}} = 0, \\ u|_{t=0} = u_t|_{t=0} = 0; \end{cases}$$

$$(4)\begin{cases} u_{tt} - u_{xx} - 3u_t - 2u_x = -3x - 2t, & 0 < x < \pi, \ t > 0, \\ u|_{x=0} = 0, \quad u|_{x=\pi} = \pi t, \\ u|_{t=0} = e^{-x}\sin x, \quad u_t|_{t=0} = x. \end{cases}$$

9. 设 $u(x,t)$ 是初边值问题

$$\begin{cases} u_{tt} - u_{xx} = 0, & (x,t) \in (0,1) \times (0,+\infty), \\ u|_{t=0} = 0, \quad u_t|_{t=0} = \alpha x, \\ u|_{x=0} = 0, \quad u|_{x=1} = \sin \alpha t, \end{cases}$$

的解,试求使 $\underset{[0,1]\times(0,\infty)}{\sup} |u(x,t)| < +\infty$ 的 α.

10. 设 $u(x,t)$ 是初边值问题

$$\begin{cases} u_{tt} - 4u_{xx} = 0, & (x,t) \in (0,1) \times (0,+\infty), \\ u|_{t=0} = 0, \quad u_t|_{t=0} = x^2(1-x), \\ u|_{x=0} = 0, \quad u|_{x=1} = 0 \end{cases}$$

的解,求 $\displaystyle\int_0^1 [u_t^2(x,t) + 4u_x^2(x,t)]\,\mathrm{d}x$ 之值.

11. 设在一个自由下落的电梯中铅直地放置着一弹性杆,该弹性杆长度为 l,下端刚性地固定,上端是自由端. 若电梯达到速度 v_0 时突然停止,求此弹性杆的振动.

第五讲　高维波动方程的球平均法

教　师　在对弦振动方程有了一定了解的基础上,我们可以讨论高维空间中的波动方程.由于多个空间变量的引入,无论是问题的归结或是求解,都要比仅含一个空间变量的弦振动方程要难一些.

学生 A　一维的振动物体用弦代表,二维的振动物体用薄膜代表,三维呢?

教　师　三维的振动物体就是一般的弹性体,它在三个方向上都有弹性,且其振动位移都必须考虑.三维弹性体的振动方程实际上就是弹性力学的基本方程,在一些简化的假定条件下可导致三维的波动方程.由于弹性力学方程组的推导要用到较多的弹性力学知识,在一般数学物理方程教科书中就不推导了.但是薄膜振动方程还是相对比较容易理解的.

学生 C　我觉得薄膜振动方程的推导比弦振动方程的推导要难多了.

教　师　我们将薄膜振动方程的推导与弦振动方程的推导比较一下.其中对于所考察物理问题的基本假设,有很多是一致的.如薄膜的厚度很小,厚度均匀,密度是常数;薄膜的平衡位置位于一个平面内,薄膜上每点做垂直于该平面的横振动;薄膜只受张力,不受弯曲力,等等.这些都可以在导出弦振动方程时所做的对应假定中找到.可能使你们感到困难的就是薄膜所受张力的描述.

学生 A　在弦振动问题中弦是一条线,它受到拉伸就有反抗拉伸的张力出现.张力方向与弦的切线方向一致.可是在薄膜振动中,薄膜是一个曲面,它的无穷小微元可视为一个平面.而张力作为力来说应该有明确的方向,那么它的方向是什么呢?

教　师　这里实际上涉及弹性力学中的基本概念——应变与应力.我们不一般地讨论三维弹性力学中应变与应力的概念,而仍然在薄膜的模型中来理解它们,因为它与一般的三维弹性力学问题相比,要直观而且较易理解些.简单地说,应变是弹性薄膜被拉伸的度量,应力是弹性薄膜反抗拉伸所产生内力的度量.将薄膜视为平面上某个图形,它被绷紧时每点受到各个方向的拉力,并处于平衡状态.在切开一个缝后就显出拉伸力,而这个拉伸力与所切开缝的方向垂直.

在[1]的附录Ⅱ中证明了对于均匀薄膜来说,在薄膜上各点各个不同方向上的拉伸力密度是一个常数,从而用一个量 *T* 来表示.这是只有均匀薄膜才有的特性,如果薄膜不均匀(例如厚度、密度、弹性等的不均匀)就不可能有这样简单的表示.

学生 A　如果讨论的薄膜不是在一个平面附近作微小振动,也没有这样简单的表示.

教　师　是的,这时还必须考虑非线性效应,问题的难度已超出本课程的范围了.

学生 B　作用在薄膜上诸力的平衡图也有些难理解,既然已确认薄膜位于一个特定的平面(坐标平面)附近,为什么还要在三维空间中讨论力的分解与平衡呢?

教　师　在弦振动问题的讨论中不也是这样考虑的吗?在水平面的各个方向上,因为有基本张力 T 的存在,一些无穷小量就都忽略了.在垂直于该水平面的方向上,一阶小量成了主项,它们应当满足力的平衡方程,同时可忽略高阶小量.

学生 C　为什么在求高维空间中波动方程的柯西问题的解时先讨论三维波动方程?按我的想象在讨论了一维波动方程(弦振动方程)后该先讨论二维波动方程,再讨论三维波动方程.

教　师　因为我们在讨论高维空间中波动方程的柯西问题的求解时引入了球平均法,而这个方法对于空间变量的个数有特别的要求.它对三维波动方程特别有效,却不能直接应用于二维波动方程.

球平均方法的要点有以下几步:

1. 对于给定的函数 $u(x_1,x_2,x_3,t)$,引入一个在不同球心 (x_1,x_2,x_3)、不同半径 r 的球面上该函数的平均值,记为 $M_u(x_1,x_2,x_3,r,t)$,即

$$M_u(x_1,x_2,x_3,r,t)=\frac{1}{4\pi}\iint\limits_{S_1}u(x_1+r\alpha_1,x_2+r\alpha_2,x_3+r\alpha_3,t)\mathrm{d}\omega. \quad (5.1)$$

2. 导出 $M_u(x_1,x_2,x_3,r,t)$ 作为 r,t 的函数所满足的偏微分方程与初始条件:

$$\begin{cases}\dfrac{\partial^2 M_u}{\partial t^2}-a^2\left(\dfrac{\partial^2}{\partial r^2}+\dfrac{2}{r}\dfrac{\partial}{\partial r}\right)M_u=0,\\[2mm] M_u\big|_{t=0}=M_\varphi(x_1,x_2,x_3,r),\quad \dfrac{\partial M_u}{\partial t}=M_\psi(x_1,x_2,x_3,r).\end{cases} \quad (5.2)$$

3. 利用弦振动方程柯西问题求解的方法,解出第 2 步所诱导出的定解问题,得出 $M_u(x_1,x_2,x_3,r,t)$ 的表达式

$$M_u(x_1,x_2,x_3,r,t)=\frac{1}{2r}\big[(at+r)M_\varphi(x_1,x_2,x_3,at+r)-$$
$$(at-r)M_\varphi(x_1,x_2,x_3,at-r)\big]+\frac{1}{2ar}\int_{at-r}^{at+r}\xi M_\psi(x_1,x_2,x_3,\xi)\mathrm{d}\xi, \quad (5.3)$$

这时 x_1,x_2,x_3 仅被视为参数.

4. 根据 $M_u(x_1,x_2,x_3,r,t)$ 与 $u(x_1,x_2,x_3,t)$ 的关系,导出 $u(x_1,x_2,x_3,t)$ 的表达式

$$u(x_1,x_2,x_3,t)=\frac{\partial}{\partial t}\left(\frac{1}{4\pi a^2 t}\iint\limits_{S_{at}^M}\varphi\mathrm{d}S\right)+\frac{1}{4\pi a^2 t}\iint\limits_{S_{at}^M}\psi\mathrm{d}S. \quad (5.4)$$

学生 A　球平均法的思路很清楚,它就不能直接应用于二维波动方程吗?

教　师　我们需特别注意到,第 2 步导出的关于 $M_u(x_1,x_2,x_3,r,t)$ 所满足的柯西问题(5.2),在引入 $v(x_1,x_2,x_3,r,t)=rM_u(x_1,x_2,x_3,r,t)$ 以后,恰好可化为一个弦振动方程的柯西问题

$$\begin{cases}\dfrac{\partial^2 v}{\partial t^2}-a^2\dfrac{\partial^2 v}{\partial r^2}=0,\\[2mm] v\big|_{t=0}=rM_\varphi(x_1,x_2,x_3,r),\quad \dfrac{\partial v}{\partial t}\Big|_{t=0}=rM_\psi(x_1,x_2,x_3,r).\end{cases} \quad (5.5)$$

这是很巧的. 当然在三维空间的情形, 能成立这样的化约有其内在的物理原因. 但毕竟不是对任何高维方程都可以这么做. 对二维的波动方程, 这样做就得不到所期望的结果. 这就是为什么要先讨论三维波动方程柯西问题求解的原因.

学生 B　我尝试着用类似于球平均的方法, 对依赖于两个空间变量的函数 $u(x_1, x_2, t)$ 引入圆平均函数 $M_u(x_1, x_2, r, t)$, 导出 $M_u(x_1, x_2, r, t)$ 所满足的柯西问题. 但接着无法将它化为以 r, t 为变量的弦振动方程, 下面也做不下去了.

教　师　这实际上是偶数空间维数的波动方程与奇数空间维数的波动方程不同性质的反映. 对于奇数空间维数情形, 像类似于三维波动方程的做法, 都有一些效果. 虽然对更高维数的奇数维波动方程, 后面的推导要比三维方程复杂, 但仍可导出求解的公式. 详细可参见柯朗与希尔伯特著的数学物理方法[8]. 但对于偶数维波动方程而言, 必须寻求其他的方法. 究其原因来说, 奇数维波动方程扰动传播是在球面上进行的, 存在"无后效现象", 而对偶数维波动方程而言, 扰动不仅仅在球面上传播, 在初始扰动传递后存在"后效".

学生 C　这话我还有些不明白.

教　师　我们在下一讲再详细解释这个问题吧. 现在先问你们, 对求解二维波动方程的柯西问题的降维法有没有什么问题?

学生 B　对运算没什么疑问. 将二维问题看成三维问题的一个特殊情形, 问题倒可解决了. 这种先一般后特殊的方法似乎不常见到.

教　师　不管什么方法, 只要能解决问题就行. 实际上降维法在处理其他的问题时有时也用.

学生 A　那么将一个空间变量波动方程的柯西问题也可以看成三维问题的一个特殊情形.

教　师　对! 在习题中就有这样的题目, 请你们验证由三维波动方程柯西问题的泊松公式可导出弦振动方程的达朗贝尔公式. 不过这样的验证只是让你们看到理论的一致性, 从应用上来说不值得这样做. 这不仅是舍简就繁, 而且在导出三维波动方程柯西问题的泊松公式的过程中就用到了弦振动方程的达朗贝尔公式, 要是不知道弦振动方程的达朗贝尔公式, 何来泊松公式?

无论是三维波动方程的泊松公式还是二维波动方程的泊松公式都用到了重积分, 在计算重积分时适当的坐标选取往往很重要, 大家可以在解题过程中得到微积分运算的应用.

例 5.1　试给出柯西问题

$$\begin{cases} u_{tt} - a^2(u_{xx} + u_{yy}) - c^2 u = 0, & t > 0, \\ u\big|_{t=0} = \varphi(x, y), & u_t\big|_{t=0} = 0 \end{cases} \tag{5.6}$$

解的表达式.

解　引进一个依赖 x, y, z, t 的新的未知函数

$$v(x, y, z, t) = e^{\frac{c}{a}z} u(x, y, t),$$

容易验证它满足如下三维波动方程的柯西问题：

$$\begin{cases} v_{tt} - a^2(v_{xx} + v_{yy} + v_{zz}) = 0, & t > 0, \\ v\big|_{t=0} = e^{\frac{c}{a}z}\varphi(x,y), & v_t\big|_{t=0} = 0. \end{cases} \tag{5.7}$$

由泊松公式知

$$v(x,y,z,t) = \frac{1}{4\pi a^2}\frac{\partial}{\partial t}\left[\frac{1}{t}\iint\limits_{r=at} e^{\frac{c}{a}\zeta}\varphi(\xi,\eta)\,\mathrm{d}S\right], \tag{5.8}$$

其中 $r = \sqrt{(\xi-x)^2 + (\eta-y)^2 + (\zeta-z)^2}$. 注意到球面 $r = at$ 的方程为 $\zeta = z \pm \sqrt{(at)^2 - (\xi-x)^2 - (\eta-y)^2}$，故

$$\sqrt{1 + \left(\frac{\partial\zeta}{\partial\xi}\right)^2 + \left(\frac{\partial\zeta}{\partial\eta}\right)^2} = \frac{at}{\sqrt{(at)^2 - (\xi-x)^2 - (\eta-y)^2}},$$

将(5.8)式右端在球面上的积分化为 (ξ,η) 平面上的二重积分,得

$$\begin{aligned} v(x,y,z,t) &= \frac{1}{4\pi a^2}\frac{\partial}{\partial t}\frac{1}{t}\iint\limits_{(\xi-x)^2+(\eta-y)^2 \leqslant (at)^2}\left[\frac{e^{\frac{c}{a}(z+\sqrt{(at)^2-(\xi-x)^2-(\eta-y)^2})}\varphi(\xi,\eta)\,at}{\sqrt{(at)^2-(\xi-x)^2-(\eta-y)^2}} + \right.\\ &\quad \left.\frac{e^{\frac{c}{a}(z-\sqrt{(at)^2-(\xi-x)^2-(\eta-y)^2})}\varphi(\xi,\eta)\,at}{\sqrt{(at)^2-(\xi-x)^2-(\eta-y)^2}}\right]\mathrm{d}\xi\mathrm{d}\eta \\ &= \frac{e^{\frac{c}{a}z}}{2\pi a}\frac{\partial}{\partial t}\iint\limits_{(\xi-x)^2+(\eta-y)^2\leqslant a^2t^2}\frac{\mathrm{ch}\left(\frac{c}{a}\sqrt{(at)^2-(\xi-x)^2-(\eta-y)^2}\right)\varphi(\xi,\eta)}{\sqrt{(at)^2-(\xi-x)^2-(\eta-y)^2}}\mathrm{d}\xi\mathrm{d}\eta. \end{aligned}$$

所以

$$u(x,y,t) = \frac{1}{2\pi a}\frac{\partial}{\partial t}\iint\limits_{(\xi-x)^2+(\eta-y)^2\leqslant a^2t^2}\frac{\mathrm{ch}\left(\frac{c}{a}\sqrt{(at)^2-(\xi-x)^2-(\eta-y)^2}\right)\varphi(\xi,\eta)}{\sqrt{(at)^2-(\xi-x)^2-(\eta-y)^2}}\mathrm{d}\xi\mathrm{d}\eta. \tag{5.9}$$

例 5.2 考察波动方程的柯西问题

$$\begin{cases} u_{tt} - a^2(u_{x_1x_1} + u_{x_2x_2} + u_{x_3x_3}) = 0, & t > 0, \\ u\big|_{t=0} = 0, \\ u_t\big|_{t=0} = \psi(x_1,x_2,x_3), \end{cases} \tag{5.10}$$

试证明

$$\int_0^{+\infty} u^2(t,x_1,x_2,x_3)\,\mathrm{d}t \leqslant \frac{1}{4\pi a^3}\int\psi^2(x_1,x_2,x_3)\,\mathrm{d}x_1\mathrm{d}x_2\mathrm{d}x_3 \tag{5.11}$$

对任意 $(x_1,x_2,x_3) \in \mathbf{R}^3$ 成立.

证 以下简记 (x_1,x_2,x_3) 为 x. 由解的表达式可得

$$u(x,t) = \frac{t}{4\pi}\int\psi(x+at\omega)\,\mathrm{d}S_\omega.$$

由施瓦茨不等式得

$$u^2(x,t) = \frac{t^2}{(4\pi)^2}\left(\int\psi(x+at\omega)\,\mathrm{d}S_\omega\right)^2 \leqslant \frac{t^2}{(4\pi)^2}\int\psi^2(x+at\omega)\,\mathrm{d}S_\omega\int\mathrm{d}S_\omega$$

$$= \frac{t^2}{4\pi} \int \psi^2 (x + at\omega) \, \mathrm{d}S_\omega.$$

所以

$$\int_0^{+\infty} u^2(x,t) \, \mathrm{d}t \leqslant \frac{1}{4\pi} \int_0^\infty \int \psi^2 (x + at\omega) \, \mathrm{d}S_\omega t^2 \, \mathrm{d}t$$

$$= \frac{1}{4\pi a^3} \int_{\mathbf{R}^3} \psi^2 (x + y) \, \mathrm{d}y = \frac{1}{4\pi a^3} \int_{\mathbf{R}^3} \psi^2 (x) \, \mathrm{d}x.$$

证毕.

习　　题

1. 求解无界区域中的初边值问题

$$\begin{cases} u_{tt} - a^2 (u_{xx} + u_{yy} + u_{zz}) = 0, & z > 0, \ t > 0, \\ \left. \dfrac{\partial u}{\partial z} \right|_{z=0} = 0, \\ u|_{t=0} = \varphi(x,y,z), \quad u_t|_{t=0} = \psi(x,y,z), \quad z > 0. \end{cases}$$

2. 求 Cauchy 问题

$$\begin{cases} u_{tt} - a^2 (u_{xx} + u_{yy}) - c^2 u = 0, & t > 0, \\ u|_{t=0} = 0, \quad u_t|_{t=0} = \psi(x,y) \end{cases}$$

的解.

3. 由三维非齐次波动方程 Cauchy 问题解的公式,利用降维法求 Cauchy 问题

$$\begin{cases} u_{tt} - a^2 (u_{xx} + u_{yy}) = f(x,y,t), & t > 0, \\ u|_{t=0} = 0, \quad u_t|_{t=0} = 0 \end{cases}$$

的解.

4. 由三维齐次波动方程 Cauchy 问题解的公式,用降维法给出 Cauchy 问题

$$\begin{cases} u_{tt} - a^2 u_{xx} = 0, & t > 0, \\ u|_{t=0} = \varphi(x), \quad u_t|_{t=0} = \psi(x). \end{cases}$$

的解.

5. 求 Cauchy 问题

$$\begin{cases} u_{tt} - a^2 (u_{xx} + u_{yy}) + c^2 u = 0, & t > 0, \\ u|_{t=0} = \varphi(x,y), \quad u_t|_{t=0} = 0 \end{cases}$$

的解.

6. 求解以下 Cauchy 问题:

(1) $\begin{cases} u_{tt} - (u_{xx} + u_{yy}) = 6xyz, \\ u|_{t=0} = x^2 - y^2, \quad u_t|_{t=0} = xy; \end{cases}$

(2) $\begin{cases} u_{tt} - (u_{xx} + u_{yy}) = t\sin y, \\ u|_{t=0} = zx, \quad u_t|_{t=0} = \sin y; \end{cases}$

(3) $\begin{cases} u_{tt} - 4(u_{xx} + u_{yy}) = x^3 + y^3, \\ u|_{t=0} = u_t|_{t=0} = x^2; \end{cases}$

(4) $\begin{cases} u_{tt} - (u_{xx} + u_{yy}) = \mathrm{e}^{2x+y}, \\ u|_{t=0} = u_t|_{t=0} = \mathrm{e}^{2x+y}; \end{cases}$

$(5)\begin{cases}u_{tt} - a^2(u_{xx} + u_{yy}) = (x^2 + y^2)e^t, \\ u\big|_{t=0} = u_t\big|_{t=0} = 0.\end{cases}$

7. 求解以下 Cauchy 问题:

$(1)\begin{cases}u_{tt} - a^2(u_{xx} + u_{yy} + u_{zz}) = 2xyz, \\ u\big|_{t=0} = x^2 + y^2 - 2z^2, \quad u_t\big|_{t=0} = 1;\end{cases}$

$(2)\begin{cases}u_{tt} - 8(u_{xx} + u_{yy} + u_{zz}) = x^2 t^2, \\ u\big|_{t=0} = y^2, \quad u_t\big|_{t=0} = z^2;\end{cases}$

$(3)\begin{cases}u_{tt} - a^2(u_{xx} + u_{yy} + u_{zz}) = xe^t\cos(3y + 4z), \\ u\big|_{t=0} = xy\cos z, \quad u_t\big|_{t=0} = e^x yz;\end{cases}$

$(4)\begin{cases}u_{tt} - a^2(u_{xx} + u_{yy} + u_{zz}) = (x^2 + y^2 + z^2)e^t, \\ u\big|_{t=0} = u_t\big|_{t=0} = 0.\end{cases}$

8. 求解三维波动方程 $u_{tt} = a^2(u_{xx} + u_{yy} + u_{zz})$ 的柯西问题,其初始条件为:初始速度恒等于零,而初始位移 $u\big|_{t=0} = \varphi$ 具有形式:

$(1)\ \varphi = \begin{cases}1, \quad 在单位球内, \\ 0, \quad 在单位球外;\end{cases}$

$(2)\ \varphi = \begin{cases}A\cos\dfrac{\pi}{2r_0}r, 在半径为 r_0 的球内, \\ 0, \qquad\quad 在半径为 r_0 的球外.\end{cases}$

9. 求解以下柯西问题:

$(1)\begin{cases}u_{tt} = 4(u_{xx} + u_{yy} + u_{zz}), \\ u\big|_{t=0} = 0, \quad u_t\big|_{t=0} = \dfrac{1}{1 + (x + y + z)^2};\end{cases}$ $(2)\begin{cases}u_{tt} = 4(u_{xx} + u_{yy} + u_{zz}), \\ u\big|_{t=0} = \sin x + e^{2z}, \quad u_t\big|_{t=0} = 0;\end{cases}$

$(3)\begin{cases}u_{tt} = u_{xx} + u_{yy} + u_{zz}, \\ u\big|_{t=0} = (3x - y + z)e^{3x - y + z}, \quad u_t\big|_{t=0} = 0.\end{cases}$

10. 试直接验证:若具有三阶连续偏导数的函数 $u(x_1, x_2, x_3, t)$ 满足三维波动方程 $u_{tt} - \Delta u = 0$,则

$$v(x_1, x_2, x_3, t) = \sum_{i=1}^{3} x_i u_{x_i} + t u_t$$

也满足该方程.

11. 试验证由推迟势表示的函数

$$\frac{1}{4\pi a}\int_0^t \iint\limits_{S_{a(t-\tau)}^M} \frac{f(\xi, \eta, \zeta, \tau)}{a(t - \tau)} \mathrm{d}S \mathrm{d}\tau$$

满足非齐次波动方程 $u_{tt} - a^2(u_{xx} + u_{yy} + u_{zz}) = f$ 以及齐次初始条件 $u\big|_{t=0} = \dfrac{\partial u}{\partial t}\Big|_{t=0} = 0.$

第六讲　波　的　传　播

教　师　本讲中我们对波动方程及其解的性质作一些理论性的探讨. 首先一个问题是波的有限传播特性.

学生 A　我们在学习弦振动方程时就遇到过波的有限传播特性, 依赖区间、决定区域与影响区域的概念都是由此引出的.

教　师　是的, 但在多个空间变数的情形, 依赖区间得改成依赖区域.

学生 A　对二维波动方程 $\dfrac{\partial^2 u}{\partial t^2} = a^2 \left(\dfrac{\partial^2 u}{\partial x^2} + \dfrac{\partial^2 u}{\partial y^2} \right)$ 来说, 平面 $t=0$ 上一点 (x_0, y_0) 的影响区域是

$$(x_0 - x)^2 + (y_0 - y)^2 \leqslant a^2 t^2,$$

平面 $t=0$ 上区域 ω 的影响区域是 (t, x, y) 空间中的区域

$$\bigcup_{(x_0, y_0) \in \omega} \left\{ (x_0 - x)^2 + (y_0 - y)^2 \leqslant a^2 t^2 \right\}.$$

学生 B　(t, x, y) 空间中一点 (t_0, x_0, y_0) 的依赖区域是

$$(x - x_0)^2 + (y - y_0)^2 \leqslant a^2 t_0^2,$$

(t, x, y) 空间中区域 Ω 在 $t=0$ 平面上的依赖区域是

$$\bigcup_{(x_0, y_0, t_0) \in \Omega} \left\{ (x - x_0)^2 + (y - y_0)^2 \leqslant a^2 t_0^2 \right\}.$$

学生 C　$t=0$ 平面上的圆 $(x - x_0)^2 + (y - y_0)^2 \leqslant a^2 t_0^2$ 的决定区域是在 (t, x, y) 空间中的锥体 $(x - x_0)^2 + (y - y_0)^2 \leqslant a^2 (t - t_0)^2$, 对于 $t=0$ 平面上的一般区域 ω, 它的决定区域是什么?

教　师　是 $\bigcup_{D \subset \omega} C_D$, 其中 D 是任意的含于 ω 中的圆, C_D 是以 D 为底、以 $at < \tan a$ 为半顶角的锥体.

学生 A　对三维波动方程的情形可以类似推之.

教　师　你们是否注意到三维波动方程与二维波动方程的区别? 例如, 在三维波动方程的情形, $t=0$ 超平面上一点的影响区域是球面 $(x_0 - x)^2 + (y_0 - y)^2 + (z_0 - z)^2 = a^2 t^2$, 而不是球体 $(x_0 - x)^2 + (y_0 - y)^2 + (z_0 - z)^2 \leqslant a^2 t^2$. 相应地, 在依赖区域的表示中也是如此.

学生 C　这很重要吗?

教　师　很重要. 维数大于 1 的奇数维波动方程与偶数维波动方程在波的传播性质上也有这样的区别. 你们看三维波动方程所描写的扰动传播, $t=0$ 时刻在一点 (x_0, y_0, z_0) 发生的扰动沿着 (t, x, y, z) 空间的球面 $(x_0 - x)^2 + (y_0 - y)^2 + (z_0 - z)^2 = a^2 t^2$ 传播. 也就是说, 在 (x, y, z) 空间中来看, 扰动传播的位置在以 (x_0, y_0, z_0) 为球心, 以 a 为半径的球面上. 对

于与 (x_0,y_0,z_0) 距离为 d 的点 (x,y,z)，当时间到达 $\dfrac{d}{a}$ 时扰动到达，然后扰动离该点而去，在 (x,y,z) 点一切又恢复平静. 因为声音就是由空气的振动所致，故如果三维波动方程所描写的是空气中声音的传播，则上述扰动传播过程表示位于 (x,y,z) 点的人在 $\dfrac{d}{a}$ 时刻听到了来自 (x_0,y_0,z_0) 点的声音. 这个声音和它产生处同样清晰，不会有余下的杂音烦人. 要不然，我们的耳边就会总有嗡嗡的杂音，根本无法进行正常的语言交流了.

学生 A　水面上的水波传播情况就不同. 当水波没有到达时，水面上一片平静；当扰动到达后激起水波. 但随后水波继续存在，只是波幅逐渐减小，慢慢到消失.

学生 B　当船在宽阔的江面上行进时，我们在船尾常看到由船行进产生的波浪涵盖一个三角地带，它可以延伸到很远才逐渐消失.

学生 C　是不是波动在水中传播服从于二维波动方程，在空气中的传播服从于三维波动方程呢？

教　师　那倒不是. 大洋深处发出的扰动向海洋各处的传播也应当以三维波动方程描写. 我们在水池中看到的扰动传播有后效的现象是因为我们看到的是水的表面波动. 它不是单纯一种介质（水）内部的扰动，而是水与空气两种介质交界面上呈现的波动，刻画这种波动的方程要另作推导. 在一系列简化的假定下，可以归结到二维的波动方程.

教　师　在三维空间中可以用另一种方式来表达影响区域. 若已知某一时刻介质扰动到达的位置，则可以将该位置上各点都视为新的发出子波的波源，其后任一时刻这些子波的包络就是扰动到达的新的位置，亦即新的波阵面. 对于三维波动方程来说，除此包络面以外，就不再有介质的扰动. 这一现象也称为惠更斯原理.

学生 B　对于二维波动方程来说，在此包络面的后面，还有介质的剩余扰动.

教　师　对. 对于二维波动方程来说，扰动传播的前阵面是清晰的，而后面留下一大批模糊区域. 这种现象称为波的弥散.

电磁波也可以用三维波动方程来描写. 所以电磁波也是以具有清晰波阵面的波而传播的. 要不然，在现代通讯技术中无数电磁波波阵面后面的残留波将使通讯根本无法进行.

学生 C　幸亏是这样，否则我们就无法看电视，我的手机也不能用了！

例 6.1　设 $u(x,t)$ 是 $\mathbf{R}^3 \times \mathbf{R}_+$ 中柯西问题

$$\begin{cases} u_{tt}=a^2\Delta_x u, \\ u\big|_{t=0}=0, \quad u_t\big|_{t=0}=\psi(x) \end{cases}$$

的解，其中 $\psi(x)$ 在 $|x|<1$ 时大于零，在 $|x|>1$ 时为零（这里 $|x|$ 表示 $(x_1^2+x_2^2+x_3^2)^{\frac{1}{2}}$）. 试问 $u(x,t)=0$ 的点的集合是怎样的？

解　由三维波动方程柯西问题解的公式知

$$u(x,t) = \frac{1}{4\pi a^2 t} \iint_{S_{at}^M} \psi \, dS,$$

其中积分是在以 M 为球心、以 at 为半径的球面 S_{at}^M 上进行的. 由函数 $\psi(x)$ 的性质可知,当 S_{at}^M 与单位球相交时 $u(x,t) > 0$,当 S_{at}^M 不与单位球相交时,$u(x,t) = 0$,所以使 $u(x,t) = 0$ 的点的坐标应当满足 $||x| - at| < 1$,它也可以写成

$$at - 1 < |x| < at + 1.$$

习　　题

1. 设 $u(x,y,t)$ 是 $\mathbf{R}^2 \times \mathbf{R}_+$ 中柯西问题

$$\begin{cases} u_{tt} = a^2(u_{xx} + u_{yy}), \\ u\big|_{t=0} = 0, \quad u_t\big|_{t=0} = \psi(x,y) \end{cases}$$

的解,其中在 $B_1^2(0)$ 中 $\psi(x,y) > 0$,在 $\mathbf{R}^2 \backslash B_1^2(0)$ 中 $\psi(x,y) = 0$,问对哪些 (x,y,t),函数 $u(x,y,t)$ 等于零?

2. 设 $u(x,y,t)$ 是 $\mathbf{R}^2 \times \mathbf{R}_+$ 中柯西问题

$$\begin{cases} u_{tt} = u_{xx} + u_{yy}, \\ u\big|_{t=0} = 0, \quad u_t\big|_{t=0} = \psi(x,y) \end{cases}$$

的解. 当 $(x,y) \in [0,1] \times [0,2]$ 时,$\psi(x,y) = 0$. 而对其余的 (x,y),有 $\psi(x,y) > 0$. 请描述使 $u(x,y,t) = 0$ 的点的集合.

3. 设 $u(x,t)$ 是 $\mathbf{R}^3 \times \mathbf{R}_+$ 中柯西问题

$$\begin{cases} u_{tt} = \Delta_x u, \\ u\big|_{t=0} = 0, \quad u_t\big|_{t=0} = \psi(x) \end{cases}$$

的解. 当 $1 \leqslant |x| \leqslant 2$ 时,$\psi(x) = 0$;对其余的 x,有 $\psi(x) > 0$. 问对哪些 (x,t),函数 $u(x,t)$ 等于零?

4. 设 $u(x,t)$ 是波动方程柯西问题

$$\begin{cases} u_{tt} = \Delta_x u, \\ u\big|_{t=0} = 0, \quad u_t\big|_{t=0} = \varphi(x) \in C_0^\infty(\mathbf{R}^3) \end{cases}$$

的解. 问函数 u 的支集是否可能位于柱体 $B_R^3(0) \times [0, +\infty)$ 内?（一个给定函数的支集是指该函数所有非零点集合的闭包.）

第七讲 能量不等式

教　师　现在我们来谈谈能量守恒原理在偏微分方程理论研究中的应用.

学生 A　能量守恒原理是物理学中的一个普遍原理.

教　师　在研究力学问题时我们可先讨论机械能的守恒,即在物体运动过程中动能与位能的总和不变.

学生 B　我们在一般力学课程中得知,在机械运动中质点的动能与位能之和不变.在弦振动过程或更一般的弹性体振动过程中是否有同样的能量守恒原理?

教　师　有.要表达能量守恒原理,首先要将振动物体的动能与位能表达清楚.

学生 C　在用常微分方程理论讨论悬挂在一个弹簧端点的质点振动时,如忽略弹簧的质量,则质点的动能是 $\frac{1}{2}mv^2$,而弹簧的位能是 $\frac{1}{2}ks^2$,其中 k 表示弹簧的弹性系数.

教　师　对于在振动中的弦,可类似地先对每一个微元写出其动能与位能,再加以积分就是整段弦的动能与位能.对一个微元 $[x, x+\mathrm{d}x]$ 来说,由于 $\rho\mathrm{d}x$ 为微元的质量,而 u_t 表示该微元的速度,故 $\frac{1}{2}\rho u_t^2\mathrm{d}x$ 表示微元的动能.又由于拉紧的弦中每一点都受到两侧强度为 T 的张力,而在 $[x, x+\mathrm{d}x]$ 微元段的弦,未扰动时长度为 $\mathrm{d}x$,扰动后长度为 $(1+u_x^2)^{\frac{1}{2}}\mathrm{d}x$,它的近似表示式为 $\left(1+\frac{1}{2}u_x^2\right)\mathrm{d}x$,即伸长了 $\frac{1}{2}u_x^2\mathrm{d}x$,故在内部张力为 T 时需做功 $\frac{1}{2}Tu_x^2\mathrm{d}x$.于是,在内部张力为 T 时,所指定段的弦蕴含的位能应该是 $\frac{1}{2}Tu_x^2\mathrm{d}x$.

学生 A　于是,位于 $[x_1, x_2]$ 中的弦的动能与位能之和为 $\int_{x_1}^{x_2}\frac{1}{2}(\rho u_t^2 + Tu_x^2)\mathrm{d}x$.

教　师　正确! 特别地,当弦的两端 $x=0, x=l$ 被固定时,弦的总能量不会在端点流入或流出.那么按能量守恒定理应当有

$$\int_0^l (\rho u_t^2 + Tu_x^2)\,\mathrm{d}x = 常数. \tag{7.1}$$

请大家注意,(7.1)式左边的积分本来应该是 t 的函数,例如记为 $E(t)$.而(7.1)就表示 $[0, l]$ 这一段弦的总能量 $E(t)$ 与时间无关:它关于时间是守恒的.

学生 B　弦的每个微元段均在与弦的平衡位置垂直的方向上运动,能否按这个观点导出位能的表示式?

教　师　可以.注意到 Tu_x 表示张力在与弦的平衡位置垂直方向上的分量.在 $[x_1, x_2]$ 弦段的两

端所受到的拉力分别为 $Tu_x(x_2,t)$ 与 $-Tu_x(x_1,t)$,两者之合力为 $\int_{x_1}^{x_2} Tu_{xx}(x,t)\mathrm{d}x$. 于是,对处于振动状态的弦,若在特定的一段 $[x_1,x_2]$,于某一给定瞬间再给予一个位移 δu(在力学中称为虚位移),反抗此力需要做功 $-\int_{x_1}^{x_2} Tu_{xx}\delta u\mathrm{d}x$. 经分部积分运算,它即

$$\int_{x_1}^{x_2} Tu_x(\delta u)_x\mathrm{d}x - Tu_x\delta u\big|_{x=x_2} + Tu_x\delta u\big|_{x=x_1}. \tag{7.2}$$

此表达式的后两项表示弦段在两段,对与其相连接的其余部分弦所做的功,相当于能量外流.而积分项可以写成(不计 δu 的高阶项)

$$\frac{T}{2}\int_{x_1}^{x_2}(u+\delta u)_x^2\mathrm{d}x - \frac{T}{2}\int_{x_1}^{x_2}u_x^2\mathrm{d}x. \tag{7.3}$$

它可理解为表达该弦在 $[x_1,x_2]$ 一段内的量 $\dfrac{T}{2}\int_{x_1}^{x_2}(u+\delta u)_x^2\mathrm{d}x$(在出现虚拟位移后)与 $\dfrac{T}{2}\int_{x_1}^{x_2}u_x^2\mathrm{d}x$(未出现虚拟位移时)的差.因此可以用 $\dfrac{T}{2}\int_{x_1}^{x_2}u_x^2\mathrm{d}x$ 来表示位能.

学生 C　在薄膜振动的情形,也可以做相应的推导吧?

教　师　是的.此时薄膜微元的动能表达式为 $\dfrac{1}{2}\rho u_t^2\mathrm{d}x\mathrm{d}y$. 为表达其位能,我们注意到在第五讲中已说明了 T 表示薄膜中存在的张力密度.要使薄膜面积增长,就得反抗张力做功,其数值为 T 与面积增长量的乘积.由于薄膜微元 $\mathrm{d}x\mathrm{d}y$ 在扰动后的面积为

$$(1+u_x^2+u_y^2)^{\frac{1}{2}}\mathrm{d}x\mathrm{d}y \approx \left(1+\frac{1}{2}(u_x^2+u_y^2)\right)\mathrm{d}x\mathrm{d}y,$$

因此反抗张力所做的功为 $\dfrac{T}{2}(u_x^2+u_y^2)\mathrm{d}x\mathrm{d}y$. 相应地,给定一块薄膜 Ω,它的总能量就是

$$\iint_\Omega \frac{1}{2}(\rho u_t^2 + T(u_x^2+u_y^2))\mathrm{d}x\mathrm{d}y.$$

从而对于张紧于固定边界的薄膜,它在做横向微小振动时有能量守恒式

$$\iint_\Omega (\rho u_t^2 + T(u_x^2+u_y^2))\mathrm{d}x\mathrm{d}y = 常数. \tag{7.4}$$

薄膜振动的位能表示也可以利用虚拟位移的方法推出.它与前面对弦振动的情形的讨论是十分相仿的,且在[1]中已有叙述,这里就不重复讲了.大家有什么疑问吗?

学生 C　我有一个问题.如果弦或薄膜不是张紧在固定的边界上,是否仍有能量守恒原理呢?

教　师　当然有,但这时在边界上可能有能量交换,从而必须将流入或流出的能量计算在内.以弦振动方程的第三边值问题为例,若在 $x=0$ 处弦仍旧固定,而在 $x=l$ 处的边界条件为 $u_x+\sigma u=0$,它表示在边界 $x=l$ 处弦被弹性支撑着,由 $Tu_x=-T\sigma u$ 可知 $T\sigma$ 相当于弹性系数.故当弦在 $x=l$ 处有位移 s 时,弦就储存有位能 $\dfrac{T}{2}\sigma s^2$. 于是(7.1)式就应当改为

$$\int_0^l (\rho u_t^2 + Tu_x^2)\mathrm{d}x + T\sigma u(l,t)^2 = 常数. \tag{7.5}$$

利用(7.2)式,也可以得到弹性支撑情形下的位能表示式. 在上面所说的情形下,$x_1 = 0$,$x_2 = l$. 由于在 $x = 0$ 处弦为固定的,故 $\delta u \big|_{x=0} = 0$;在 $x = l$ 处 $u_x + \sigma u = 0$,故(7.2)式变成

$$\int_0^l T u_x (\delta u)_x \mathrm{d}x + T\sigma u\delta u \big|_{x=l},$$

它可以视为(不计 δu 的高阶项)

$$\frac{T}{2}\int_0^l (u + \delta u)_x^2 \mathrm{d}x + T\sigma (u + \delta u)^2 \big|_{x=l} - \frac{T}{2}\int_0^l u_x^2 \mathrm{d}x - T\sigma u^2 \big|_{x=l},$$

所以位能的表示式应当改为

$$\frac{T}{2}\int_0^l u_x^2 \mathrm{d}x + T\sigma u^2 \big|_{x=l}.$$

相应地,(7.1)式应改为(7.5)式.

学生 A　为什么在写出总能量的表示式后还要对能量守恒原理作数学验证呢?

教　师　你们是否记得,当我们用分离变量法或齐次化原理导出弦振动方程初边值问题的解以后,还得进行验证? 其道理是相同的. 我们所做的数学验证实际上是验证了前面所导出的动能与位能表示式的合理性,包括推导中所做的种种近似是否可允许的验证. 因此对于严格等式(7.1),(7.4)的建立,数学验证是必需的. 在得到严格的验证后,这个能量守恒式就是在逻辑上严格成立的等式,从而可以由此去推导进一步的结果.

学生 B　验证倒不难. 只要将能量的表示形式(7.1)或(7.4)的左端记为 $E(t)$,关于 t 求导,利用微分方程即可得到它为零,所以 $E(t)$ 是不依赖于 t 的.

教　师　我们在求方程的解时也是这样的,求得解的表达式往往要费很大的努力,而有了解的表达式后的验证相对要简单些.

学生 C　将物理上已有的定律重写一遍,有必要吗?

教　师　数学可以视为一种语言,物理定律用数学公式表示说明该物理定律有坚实的数学基础与明确的数学表达,也说明相应的数学命题有明确的物理背景. 同时,上述能量守恒式可以直接导出偏微分方程边值问题解的唯一性与稳定性. 进一步的分析还可以在证明解的存在性中发挥重要的作用.

学生 A　在偏微分方程的有关文献资料中更多用到的是能量不等式,为什么不等式比精确的守恒式用得更多?

教　师　当我们考虑更一般的振动过程时,系统内可能有摩擦、阻尼等导致的能量损失,还可能有外力对系统的作用等. 相应地,在偏微分方程的形式中就表现为出现未知函数的一阶导数项,以及右端项不等于零等情况. 这时,要精确地写出能量守恒式就比较困难,而指出动能与位能之和在物体振动过程中不会增加则较简单. 从数学应用的角度看,能量不等式同样能提供解的唯一性与稳定性. 因此,能量不等式用得更多. 用能量不等式来讨论偏微分方程解的唯一性、稳定性或其他性质的方法称为能量积分法或能量方法.

学生 B　柯西问题也有能量守恒式或能量不等式吗?

教　师　有,但柯西问题往往是在无限区域上给定的. 以薄膜振动方程为例,它的柯西问题的初

值定义在整个初始平面上,这时在全平面上的能量会无限大,从而无法直接将能量不等式写出. 因此,我们一般还得划定一个有限区域来考察. 但若这个区域不随时间变化,则在区域边界上的边界条件就无法确定. 所以,我们讨论一个随时间缩小的区域,例如在 (x,y,t) 空间中的一个圆锥体 $(x-x_0)^2+(y-y_0)^2 \leqslant (R-at)^2$, 当锥体收缩得较快时,在圆的边界上能量就只能流出,从而在不断缩小的圆中的能量就是递减的,它可导致柯西问题的能量不等式

$$\iint_{(x-x_0)^2+(y-y_0)^2 \leqslant (R-at)^2} \left[\rho u_t^2 + T(u_x^2 + u_y^2) \right] \mathrm{d}x\mathrm{d}y \tag{7.6}$$

$$\leqslant \iint_{(x-x_0)^2+(y-y_0)^2 \leqslant R^2} \left[\rho u_t^2 + T(u_x^2 + u_y^2) \right] \Big|_{t=0} \mathrm{d}x\mathrm{d}y.$$

学生 A　圆锥体方程中的参数 a 应取为微分方程中的系数.

教　师　它就是波的传播速度. 对于常系数的方程来说,上述圆锥体的表面可取为特征面. 当然,将(7.6)中的参数换成比 a 大的任意常数(即锥体收缩得更快),不等式仍然是成立的.

例 7.1　试证明古尔萨问题

$$\begin{cases} u_{tt} - (u_{xx} + u_{yy}) = f(x,y,t), & \sqrt{x^2+y^2} \leqslant t, \tag{7.7} \\ u(x,y,\sqrt{x^2+y^2}) = \varphi(x,y) \tag{7.8} \end{cases}$$

解的唯一性.

证　只要证明当 $f \equiv 0, \varphi \equiv 0$ 时,上述问题只有平凡解 $u \equiv 0$ 即可.

对任意 $T>0$,记 K_T 为如下锥体:

$$K_T: \sqrt{x^2+y^2} \leqslant t \leqslant T.$$

以 Γ_T, Ω_T 分别表示 K_T 的侧面与上底面(见图 7.1). 以 u_t 乘方程(7.7)(注意我们已设 $f \equiv 0$)两端并在 K_T 上积分得

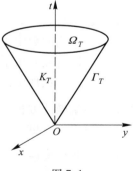

图 7.1

$$\begin{aligned}
0 &= \iiint_{K_T} (u_{tt} - u_{xx} - u_{yy}) u_t \mathrm{d}x\mathrm{d}y\mathrm{d}t \\
&= \frac{1}{2} \iiint_{K_T} \frac{\partial}{\partial t} (u_t^2 + u_x^2 + u_y^2) \mathrm{d}x\mathrm{d}y\mathrm{d}t - \\
&\quad \iint_{\partial K_T} (u_x \cos(\boldsymbol{n},x) + u_y \cos(\boldsymbol{n},y)) u_t \mathrm{d}S \\
&= \iint_{\Omega_T} \frac{1}{2} (u_t^2 + u_x^2 + u_y^2) \mathrm{d}x\mathrm{d}y + \iint_{\Gamma_T} \Big[\frac{1}{2} (u_t^2 + u_x^2 + u_y^2) \cos(\boldsymbol{n},t) - \\
&\quad (u_x \cos(\boldsymbol{n},x) + u_y \cos(\boldsymbol{n},y)) u_t \Big] \mathrm{d}S \\
&= \frac{1}{2} \iint_{\Omega_T} (u_t^2 + u_x^2 + u_y^2) \mathrm{d}x\mathrm{d}y + \frac{1}{2} \iint_{\Gamma_T} \Big[u_x (u_x \cos(\boldsymbol{n},t) - \\
&\quad u_t \cos(\boldsymbol{n},x)) + u_y (u_y \cos(\boldsymbol{n},t) - u_t \cos(\boldsymbol{n},y)) +
\end{aligned}$$

$$u_t(- u_x \cos(\boldsymbol{n}, x) - u_y \cos(\boldsymbol{n}, y) + u_t \cos(\boldsymbol{n}, t))]\,\mathrm{d}S,$$

其中 $\partial K_T = \Omega_T \cup \Gamma_T$ 表示 K_T 的边界, $\boldsymbol{n}$ 表示边界上单位外法线向量.

因为方向 $(\cos(\boldsymbol{n}, t), 0, - \cos(\boldsymbol{n}, x)), (0, \cos(\boldsymbol{n}, t), - \cos(\boldsymbol{n}, y))$ 以及 $(- \cos(\boldsymbol{n}, x), - \cos(\boldsymbol{n}, y), \cos(\boldsymbol{n}, t))$ 均与 $\boldsymbol{n} = (\cos(\boldsymbol{n}, x), \cos(\boldsymbol{n}, y), \cos(\boldsymbol{n}, t))$ 正交, 所以 $u_x \cos(\boldsymbol{n}, t) - u_t \cos(\boldsymbol{n}, y), u_y \cos(\boldsymbol{n}, t) - u_t \cos(\boldsymbol{n}, y)$ 以及 $- u_x \cos(\boldsymbol{n}, x) - u_y \cos(\boldsymbol{n}, y) + u_t \cos(\boldsymbol{n}, t)$ 均为 u 在 Γ_T 切平面上的方向导数. 由于假设 $u\big|_{\Gamma_T} = 0$, 因而以上三式均为零. 这样由上面的等式即可得到

$$\iint_{\Omega_T} (u_t^2 + u_x^2 + u_y^2)\,\mathrm{d}x\mathrm{d}y = 0.$$

由 T 的任意性得 $\qquad\qquad u_t = u_x = u_y = 0, \quad \forall\, (x, y, t) \in K_T.$

故 u 为常数, 注意到 $u\big|_{\Gamma_T} = 0$, 所以 $u \equiv 0$. 证毕.

习　　题

1. 利用能量积分方法, 证明弦振动方程的如下初边值问题解的唯一性:

$$\begin{cases} u_{tt} - a^2 u_{xx} = f(x, t), & 0 < x < l, \ t > 0, \\ u_x - \sigma u\big|_{x=0} = 0, & u\big|_{x=l} = 0, \\ u\big|_{t=0} = \varphi(x), & u_t\big|_{t=0} = \psi(x), \end{cases}$$

其中 σ 为正常数.

2. 利用能量积分方法证明弦振动方程的 Cauchy 问题解的唯一性.

3. 有界弦的自由振动可以分解为各种不同固有频率的驻波的叠加, 其中每个驻波均以谐波 (即以三角函数表示的波) 表示, 试就弦的两端点分别为第一与第二类齐次边界条件的情况, 证明弦的总能量等于各驻波能量之和.

4. 设 $\Omega \subset \mathbf{R}^3$ 为具有光滑边界 $\partial\Omega$ 的有界域, u_1, u_2 在柱形域 $\Omega \times (0, +\infty)$ 内满足齐次波动方程:

$$u_{tt} - a^2 \Delta u = 0,$$

在侧边 $\partial\Omega \times [0, +\infty)$ 上满足第一类或第二类齐次边界条件. 试证明

$$\frac{\mathrm{d}}{\mathrm{d}t} \iiint_{\Omega} \Big(\frac{\partial u_1}{\partial t} \cdot \frac{\partial u_2}{\partial t} + a^2 \nabla u_1 \cdot \nabla u_2 \Big)\,\mathrm{d}x\mathrm{d}y\mathrm{d}z = 0.$$

5. 设 u 是带一阶耗散项的波动方程的初边值问题:

$$\begin{cases} u_{tt} - a^2 \Delta u + \alpha u_t = 0, & (x, y, z) \in \Omega, \ t > 0, \\ u\big|_{\Omega \times (0, \infty)} = 0, \\ u\big|_{t=0} = \varphi(x, y, z), & u_t\big|_{t=0} = \psi(x, y, z) \end{cases}$$

的解, $\alpha > 0$ 为常数, $\Omega \subset \mathbf{R}^3$ 为具有光滑边界 $\partial\Omega$ 的有界区域.

（1）试证明其能量积分

$$E(t) = \frac{1}{2} \iiint_{\Omega} (u_t^2 + a^2 |\nabla u|^2)\,\mathrm{d}x\mathrm{d}y\mathrm{d}z$$

随时间增加而不增加.

（2）证明该问题解的唯一性.

6. 设 u 为如下初边值问题之解:

$$\begin{cases} u_{tt} - \sum_{i=1}^{3} \dfrac{\partial}{\partial x_i}(\rho_i(x)u_{x_i}) + c^2 u = 0, & x \in \Omega, \ t > 0, \\ u\big|_{\partial\Omega \times (0,\infty)} = 0, \\ u\big|_{t=0} = \varphi(x), \quad u_t\big|_{t=0} = \psi(x). \end{cases}$$

其中 $\Omega \subset \mathbf{R}^3$ 为具有光滑边界 $\partial\Omega$ 的有界域, $\rho_1, \rho_2, \rho_3 \geqslant a^2 > 0$ 为适当光滑的函数, a, c 为非零常数. 试证明:存在常数 $M > 0$,使

$$\iiint_{\Omega} (u^2 + |\nabla u|^2 + u_t^2)\, \mathrm{d}x_1 \mathrm{d}x_2 \mathrm{d}x_3$$

$$\leqslant M \iiint_{\Omega} (\varphi^2 + |\nabla\varphi|^2 + \psi^2)\, \mathrm{d}x_1 \mathrm{d}x_2 \mathrm{d}x_3, \quad \forall\, t > 0.$$

7. 设 K 为过点 $(\xi, \eta, T) \in \mathbf{R}^2 \times (0, \infty)$ 的特征锥面与平面 $t = 0$ 所围的锥域. 证明:波动方程

$$u_{tt} - a^2(u_{xx} + u_{yy}) = f(x, y, t)$$

的右端项 f 在 $L^2(K)$ 意义下作微小改变时,在相同的初始数据下,对应的 Cauchy 问题的解在 $L^2(K)$ 意义下的改变也是微小的.

8. 设有界区域 $\Omega \subset \mathbf{R}^3$ 的边界由 Γ_0, Γ_1 两部分组成, u 为如下初边值问题的解:

$$\begin{cases} u_{tt} - a^2\Delta u = 0, & (x, y, z) \in \Omega, \quad t > 0, \\ u\big|_{\Gamma_0} = 0, \quad \dfrac{\partial u}{\partial \boldsymbol{n}} + \sigma\dfrac{\partial u}{\partial t}\Big|_{\Gamma_1} = 0, & \sigma > 0 \ \text{为常数}, \\ u\big|_{t=0} = \varphi(x, y, z), \quad u_t\big|_{t=0} = \psi(x, y, z). \end{cases}$$

试证明其总能量

$$E(t) = \frac{1}{2}\iiint_{\Omega}(u_t^2 + a^2|\nabla u|^2)\,\mathrm{d}x\mathrm{d}y\mathrm{d}z$$

随时间增加而减少.

9. 设 $u(x, t)$ 是 $[0, 1] \times [0, +\infty)$ 中初边值问题

$$\begin{cases} u_{tt} - u_{xx} = 0, \\ u\big|_{x=0} = u\big|_{x=1} = 0, \\ u\big|_{t=0} = 0, \quad u_t\big|_{t=0} = x^2(1 - x) \end{cases}$$

的解,求 $\displaystyle\int_0^1 [u_t^2(x, t) + u_x^2(x, t)]\,\mathrm{d}x$.

10. 设 $u(x, t)$ 是 $[0, 1] \times [0, +\infty)$ 中初边值问题

$$\begin{cases} u_{tt} - u_{xx} = 0, \\ u\big|_{x=0} = u\big|_{x=1} = 0, \\ u\big|_{t=0} = 0, \quad u_t\big|_{t=0} = x(1 - x) \end{cases}$$

的解,求 $\displaystyle\lim_{t \to +\infty}\int_0^{\frac{1}{2}} [u_t^2(x, t) + u_x^2(x, t)]\,\mathrm{d}x$.

第八讲 热传导方程的导出

教　师　我们在前几讲讨论了描写振动或波动现象的偏微分方程. 现在将讨论另一类自然现象——热传导或扩散过程。它是物理上的一个不可逆过程, 与第二讲中所做的一样, 首先要来建立数学模型.

学生 A　在建立振动问题的数学模型时, 我们所用到的基本物理定律是牛顿第二定律或动量平衡定律, 在热传导问题的研究中该用什么定律呢?

教　师　是经典的热平衡定律, 就是说, 对一个确定的物体来说, 流入物体的热量与物体内部产生的热量之和等于使物体温度升高所需的热量. 这里, "流入" "和" "升高" 都得从代数的意义来理解, 即相应的负值就表示 "流出" "差" "降低".

学生 B　于是, 我们需要对 "流入物体的热量" "物体内部产生的热量" "使物体温度升高所需的热量" 给予定量的描述.

教　师　这些热量的确定也需要相应的物理定律. 流过一个给定平面区域的热量可以用热传导的傅里叶定律来确定, 它的形式是

$$Q = -k \frac{\partial u}{\partial \boldsymbol{n}} St,$$

其中 S 是给定的平面区域的面积, Q 是通过该平面的热量, $\frac{\partial u}{\partial \boldsymbol{n}}$ 是在平面法向的温度梯度, t 为时间, k 为传热系数. 相应地, 热传导的傅里叶定律以微元来表现的形式为

$$\mathrm{d}Q = -k \frac{\partial u}{\partial \boldsymbol{n}} \mathrm{d}S \mathrm{d}t,$$

故对一个确定的区域 Ω, 在特定时间段 (t_1, t_2) 流入的热量为

$$Q = \int_{t_1}^{t_2} \iint_{\partial \Omega} k \frac{\partial u}{\partial \boldsymbol{n}} \mathrm{d}S \mathrm{d}t,$$

其中 $\partial \Omega$ 为 Ω 的表面, 而 $\frac{\partial}{\partial \boldsymbol{n}}$ 为沿 $\partial \Omega$ 的外法向求导。

学生 C　内部产生的热量的表达与产生热量的机制有关吧?

教　师　当然, 如果是由电流产生的热量, 就得用焦耳定律; 如果是热辐射产生的热量, 就得用斯忒藩 – 玻尔兹曼定律等. 这一部分热量可暂时用 $F \mathrm{d}x \mathrm{d}y \mathrm{d}z \mathrm{d}t$ 记之.

学生 A　使物体温度升高需要的热量应该是 $c\rho [u(x, y, z, t_2) - u(x, y, z, t_1)]$, 其中 c 是物质的比热容。

教　师　再将它们合起来, 即可得热平衡关系的积分表示形式:

$$\int_{t_1}^{t_2} \iint_{\partial\Omega} k \frac{\partial u}{\partial \boldsymbol{n}} \mathrm{d}S \mathrm{d}t + \int_{t_1}^{t_2} \iiint_{\Omega} F(x,y,z,t) \mathrm{d}x\mathrm{d}y\mathrm{d}z\mathrm{d}t = \iiint_{\Omega} c\rho[u(x,y,z,t_2) - u(x,y,z,t_1)] \mathrm{d}x\mathrm{d}y\mathrm{d}z.$$

而它的微分形式就是热传导方程

$$\frac{\partial u}{\partial t} = a^2 \left(\frac{\partial^2 u}{\partial x^2} + \frac{\partial^2 u}{\partial y^2} + \frac{\partial^2 u}{\partial z^2} \right) + f(x,y,z,t), \tag{8.1}$$

其中 $a^2 = \dfrac{k}{c\rho}, \quad f = \dfrac{F}{c\rho}.$

学生 C　我记得在推导弦振动方程时加了很多假设条件. 在推导热传导方程时, 是否也要有一些假设条件呢?

教　师　当然有. 例如, 要求所考察物体有均匀的密度与比热容, 比热容与温度无关, 物体在各点的热传导是各向同性的, 热传导系数一致, 等等。如果物体在各点的热传导系数不相等, 那么热传导方程的形式应当改为

$$c\rho \frac{\partial u}{\partial t} = \frac{\partial}{\partial x} \left(k \frac{\partial u}{\partial x} \right) + \frac{\partial}{\partial y} \left(k \frac{\partial u}{\partial y} \right) + \frac{\partial}{\partial z} \left(k \frac{\partial u}{\partial z} \right),$$

其中 $k = k(x,y,z)$. 又如果物体的热传导性能是各向异性的, 方程的形式就较复杂, 这里不详述了。

学生 B　热传导方程的初始条件为什么只有一个? 是否需要增加一个? 例如要求温度的增速等于多少的限制?

教　师　不需要. 初始条件应该给多少个, 也是由物理问题的本性所决定的. 在热传导过程中, 只要知道了物体的初始温度, 知道了该物体与周围环境的热交换条件, 就可以完全决定往后的温度分布. 所以诸如"温度的增速等于多少"的限制是不必要的. 另一方面, 以后从数学的角度可以证明: 热传导方程 (8.1) 的初值问题或初边值问题, 必须也只能给一个初始条件.

学生 C　又是物理与数学的双重验证!

教　师　这将再次表明我们对物理问题的数学描述是正确的, 也说明我们对物理现象的了解是深入的, 是有严密数学基础的.

学生 A　热传导方程的边界条件也有三种, 它们恰与波动方程的三类边界条件相对应, 而且第三类边界条件也取形式 $\dfrac{\partial u}{\partial \boldsymbol{n}} + \sigma u = g$, 其中 $\sigma > 0$, 真是妙不可言!

学生 B　第三类边界条件中涉及边界上两种热交换过程, 这两种热交换可否用统一的形式写出来?

教　师　所特定考察的物体与围绕该物体的介质是两种物质, 因此不能用同一物质内部热量传导的傅里叶定律来描述其热量传递过程, 必须用到另一个实验定律. 我们还得说明, 在教科书中介绍的三类边界条件是最常见的边界条件, 实际问题中常会出现更复杂的情形, 这时需根据实际情况提出新的边界条件. 至于新的提法是否合适, 就得从数学分析与物理应用两个方面来加以检验.

热传导实质上是分子运动中能量的传输.若考虑到分子运动中物质本身的传输,那就是扩散,包括气体的扩散,物质在溶液中的扩散等.描述扩散过程的方程与热传导的方程是十分类似的,这一点在教材[1]中已有叙述,相信大家不难理解.我这里补充一点,就是现在扩散方程也广泛地应用于生物学中种群变迁的研究,也可应用于人口迁移的研究.

学生 C　我下周将去旅游,也能用扩散方程来描写吗?

教　师　不是指单个人的行动,微分方程用来描写人群的迁移变化时,人的数量必须足够多才行.

例 8.1　考虑水中某悬浮粒子的沉淀.设悬浮粒子由重力引起的沉淀速度 v 是不变的,又假定在同一水平面上粒子的浓度是相同的,试给出悬浮粒子的浓度 N 所满足的方程.

解　取竖直向下的方向为 x 轴,考虑介于平面 $x = x_1$ 与 $x = x_2 (x_1 < x_2)$ 之间、截面积为常数 S 的柱体.在 t_1 到 t_2 这段时间内,柱体中的质量守恒关系为

$$M = M_1 + M_2,$$

其中 M 为这段时间柱体内粒子质量的增加,而 M_1 与 M_2 分别为这段时间内,由于扩散由柱体的上、下底面进入柱体内的粒子质量与由于沉淀由柱体的上、下底面进入柱体的粒子质量.现分别给出 M, M_1 与 M_2 的表达式:

$$M = \int_{x_1}^{x_2} [N(x, t_2) - N(x, t_1)] S dx = S \int_{t_1}^{t_2} \int_{x_1}^{x_2} \frac{\partial N}{\partial t}(x, t) dx dt,$$

$$M_1 = \int_{t_1}^{t_2} \left[D(x_2) \frac{\partial N}{\partial x}(x_2, t) - D(x_1) \frac{\partial N}{\partial x}(x_1, t) \right] S dt$$

$$= S \int_{t_1}^{t_2} \int_{x_1}^{x_2} \frac{\partial}{\partial x} \left[D(x) \frac{\partial N}{\partial x}(x, t) \right] dx dt,$$

$$M_2 = \int_{t_1}^{t_2} [N(x_1, t) vS - N(x_2, t) vS] dt = -vS \int_{t_1}^{t_2} \int_{x_1}^{x_2} \frac{\partial N}{\partial x}(x, t) dx dt.$$

其中 $D > 0$ 为扩散系数,代入质量守恒关系式,即有

$$S \int_{t_1}^{t_2} \int_{x_1}^{x_2} \left[\frac{\partial N}{\partial t} - \frac{\partial}{\partial x} \left(D(x) \frac{\partial N}{\partial x} \right) + v \frac{\partial N}{\partial x} \right] dx dt = 0.$$

注意到 $[x_1, x_2]$ 与 $[t_1, t_2]$ 的任意性,由上式立即得

$$\frac{\partial N}{\partial t} - \frac{\partial}{\partial x} \left(D(x) \frac{\partial N}{\partial x} \right) + v \frac{\partial N}{\partial x} = 0.$$

习　　题

1. 一长度为 l 的细杆具有绝热的侧表面,试给出其温度 u 所满足的初边值问题.这里假定在同一截面上各点的温度相同,而在杆的两端点处满足下述三种条件之一:

(1) 杆的端点保持给定的温度;

(2) 在杆的端点,从外部传来一已知热流;

（3） 在杆的端点处,杆与温度为已知的介质,按照牛顿定律进行热交换.

2. 一长度为 l 的均匀细杆的侧面与温度为 $u_1(t)$ 的介质按牛顿定律进行热交换. 假设在同一截面上各点的温度相同,而杆的两端点为绝热的,试给出杆的温度 u 所满足的初边值问题.

3. 一均匀的细环的侧面与温度为 $u_1(t)$ 的介质按牛顿定律进行热交换,假定在细环的同一截面上各点的温度相同,试给出细环的温度所满足的初边值问题.

4. 设一均匀的导线处在周围为常温度 u_0 的介质中. 试证明:在常电流作用下,导线的温度满足方程

$$\frac{\partial u}{\partial t} = \frac{k}{c\rho} \frac{\partial^2 u}{\partial x^2} - \frac{k_1 P}{c\rho S}(u - u_0) + \frac{0.24 i^2 r}{c\rho S^2},$$

其中 i 和 r 分别表示导体的电流强度及电阻系数,P 和 S 分别表示横截面的周长与面积,而 k_1 表示导线与介质的热交换系数.

5. 半无限均匀细杆的端点在燃烧,燃烧着的前沿具有已知温度 $\varphi(t)$,且燃烧前沿以常速度 v_0 向未燃烧部分移动. 试给出描述杆上未燃烧部分温度变化的初边值问题.

6. 假定在每一时刻 t 的等浓度面均为垂直于 x 轴的平面,试给出在静止介质中的扩散方程. 若扩散发生在平面层 $0 \le x \le l$ 中,试按以下情况给出边界条件:

（1） 在边界平面上,扩散物质的浓度保持为零;

（2） 边界平面是不可渗透的;

（3） 边界平面是半渗透的,通过该平面的扩散是按类似于牛顿热交换定律的规律进行的.

7. 设物质的粒子为下述两种类型:

（1） 分裂的（例如不稳定的气体）,在空间的每一点分裂速度与浓度成正比;

（2） 增殖的（例如中子扩散）,在空间的每一点扩散物质增殖的速度与浓度成正比.

试在上题的条件下,推导物质的扩散方程.

8. 设半空间 $z > 0$ 充满了液体. 如果液体以常速度 v_0 沿 x 轴方向运动,且与平面 $z = 0$ 之间按牛顿定律进行热交换,界面 $z = 0$ 处的温度为 $u_1(x, y, t)$,试给出液体温度所满足的初边值问题.

9. 设物体表面的绝对温度为 u,此时它向外界辐射出的热量按斯忒藩－玻尔兹曼定律正比于 u^4,即

$$dQ = \sigma u^4 dS dt.$$

今假定物体与周围介质之间只有热辐射而没有热传导,周围介质的温度为 $f(x, y, z, t)$,试给出该热传导问题的边界条件.

10. 将中心在坐标原点,半径为 R 的均匀球加热到温度 T. 对于下述的情形提出球冷却的边值问题:

（1） 在球的每一点化学反应吸收热量,它与这一点的温度 u 成比例,而球面 S 是绝热的;

（2） 在球内有密度为 F 的热源,在球的表面 S 上同温度等于零的周围介质有热交换.

第九讲 再谈分离变量法

教　师　本讲中我们将结合热传导方程初边值问题的求解进一步研究分离变量法.

学生 A　我记得您讲过,傅里叶就是从热传导方程的研究提出这个方法的,后人也称它为傅里叶级数方法.

教　师　是的,傅里叶在他的经典论文"热的解析理论"中首先提出了这一方法,它也成为整个傅里叶分析理论的起点.在教科书[1]中虽然是先讲分离变量法在弦振动方程中的应用,但在历史上它却最早被应用于热传导方程的求解.

学生 A　能否讲一下在应用分离变量法于这两类方程的初边值问题时的异同?

教　师　用分离变量法解初边值问题的基本步骤是相同的.我们先回顾一下在第四讲中归结的几个步骤:

第一步,将形式为 $u(x,t) = X(x)T(t)$ 的单个函数代入方程,进行变量分离;

第二步,利用 $u(x,t)$ 所应该满足的边界条件,导出 $X(x)$ 所满足的特征值问题;

第三步,通过解特征值问题决定一串特征值 λ_n 以及相应的特征函数,记为 $X_n(x)$;

第四步,决定相应的 $T_n(t)$ 的形式;

第五步,以 $\sum_{n=1}^{\infty} c_n X_n(x) T_n(t)$ 的函数叠加形式给出 $u(x,t)$,并将初始资料作傅里叶展开,从而决定解的无穷级数表达式中的常数.

在应用分离变量法于这两类方程时,所导出的关于 $T(t)$ 的方程是不同的.在弦振动方程的情形,$T(t)$ 满足一个二阶的常微分方程的初值问题,它带有两个初始条件.当弦振动方程中不带有耗散项时,这个常微分方程初值问题的解是时间 t 的周期函数.但在热传导方程的情形,$T(t)$ 满足一个一阶的常微分方程的初值问题,它仅需满足一个初始条件.这个解通常具有指数函数的形式,它是随时间增长而衰减的.

学生 B　在解弦振动方程的初边值问题时,为了使构造的无穷级数收敛,且其和具有方程中的各项导数,需要对初值的正则性加以限制,并要求初始线与边界的交点处满足相容性条件.在解热传导方程的初边值问题时,是否也是如此?

教　师　也有一定的限制,但条件要宽松得多.这也是因为在 $u(x,t)$ 的级数表示式

$$\sum_{n=1}^{\infty} c_n X_n(x) T_n(t)$$

中,$T_n(t)$ 一般取为 $e^{-\lambda_n t}$ 的形式.当 $n \to \infty$ 时,λ_n 趋于无穷大,这时 $e^{-\lambda_n t}$ 下降得非常快,从而级数及其逐项求导的级数都能绝对收敛.所以用级数形式表示的函数 $u(x,t)$ 在 $t>0$ 时将是连续并可多次求导的.

学生 C   由分离变量法所导出的求特征值与特征函数的问题并不容易解.

教　师   以热传导方程取第三类边界条件的初边值问题为例. 若用分离变量法求问题

$$\begin{cases} u_t - a^2 u_{xx} = 0 \quad (t > 0,\ 0 < x < l), \\ t = 0: \quad u = \varphi(x), \\ x = 0: \quad u = 0, \\ x = l: \quad u_x + hu = 0 \end{cases} \tag{9.1}$$

的解, 就会导出常微分方程的特征值问题

$$\begin{cases} X'' + \lambda X = 0, \\ X(0) = 0, \quad X'(l) + hX(l) = 0. \end{cases} \tag{9.2}$$

它在 $\lambda > 0$ 且满足

$$\tan \sqrt{\lambda}\, l = -\frac{\sqrt{\lambda}}{h} \tag{9.3}$$

时有非零解

$$X(x) = A\cos \sqrt{\lambda}\, x + B\sin \sqrt{\lambda}\, x. \tag{9.4}$$

表达式(9.4)并不特别, 但 λ 必须通过(9.3)这样一个超越方程来确定, 其具体数值不能用通常的初等函数表示. 但大家不必心存疑瘩, 由(9.4)决定的特征值 λ_n 就是一系列确定的常数.

学生 A   在教材[1]中还证明: 对不同的 n, m, 有 $X_n(x), X_m(x)$ 正交, 即 $\int_0^l X_n(x) X_m(x)\, \mathrm{d}x = 0$, 为什么要证明这一点?

教　师   因为我们要将初始条件中的函数 $\varphi(x)$ 按函数列 $\{X_n(x)\}$ 展开, 就必须要有这个条件.

学生 B   在偏微分方程的不同边值问题中会导出不同的特征值问题与相应的特征函数系, 是否每次都得证明特征函数系的正交性?

教　师   已建立了一般的理论, 它指出在分离变量法中导出的特征函数系必定是正交的. 不仅如此, 这个特征函数系还是完备的. 初始条件中的函数 $\varphi(x)$ 按此函数系展开时所得到的傅里叶级数将按平方可积的意义收敛于 $\varphi(x)$(参见文献[6]).

学生 C   [1]中还介绍了含两个空间变量的热传导方程的初边值问题——圆盘区域上的热传导问题, 看起来还挺复杂的.

教　师   当空间变量的个数大于 1 时, 按上法导出的特征值问题是一个偏微分方程的特征值问题. 这个偏微分方程与我们已接触过的波动方程、热传导方程有完全不同的性质. 在空间区域恰为圆的特殊情形下, 也可以用分离变量法求它的解. 对于更一般的情形, 将有专门的篇幅来研究其求解, 这里就从略了.

习　　题

1. 求解以下初边值问题:

(1) $\begin{cases} u_t - a^2 u_{xx} = 0, & 0 < x < l, \ t > 0, \\ u_x - \sigma u \big|_{x=0} = u_x + \sigma u \big|_{x=l} = 0, \\ u \big|_{t=0} = \varphi(x), & 0 < x < l. \end{cases}$

(2) $\begin{cases} u_t - a^2 u_{xx} + b(u - u_0) = 0, & 0 < x < l, \ t > 0, \\ u \big|_{x=0} = U_1, \quad u \big|_{x=l} = U_2, \\ u \big|_{t=0} = \varphi(x), & 0 < x < l, \end{cases}$

其中 b, u_0, U_1, U_2 均为常数，$b > 0$.

(3) $\begin{cases} u_t - a^2 u_{xx} = 2u, & 0 < x < 1, \ t > 0, \\ u \big|_{x=0} = u \big|_{x=1} = 0, \\ u \big|_{t=0} = \sin \pi x, & 0 < x < 1. \end{cases}$

(4) $\begin{cases} u_t - a^2 u_{xx} + bu = 0, & 0 < x < l, \ t > 0, \\ u_x \big|_{x=0} = -q_1, \quad u_x \big|_{x=l} = q_2, \\ u \big|_{t=0} = \varphi(x), & 0 < x < l, \end{cases}$

其中 b, q_1, q_2 均为常数.

(5) $\begin{cases} u_t - a^2 u_{xx} = 0, & 0 < x < l, \ t > 0, \\ u_x - \sigma(u - U_1) \big|_{x=0} = u_x + \sigma(u - U_2) \big|_{x=l} = 0, \\ u \big|_{t=0} = \varphi(x), & 0 < x < l, \end{cases}$

其中 $\sigma > 0, U_1, U_2$ 均为常数.

(6) $\begin{cases} u_t - a^2 u_{xx} = \cos \dfrac{x}{2}, & 0 < x < \pi, \ t > 0, \\ u_x \big|_{x=0} = 1, \quad u \big|_{x=\pi} = \pi, & t > 0, \\ u \big|_{t=0} = \cos \dfrac{x}{2} + x, & 0 < x < \pi. \end{cases}$

(7) $\begin{cases} u_t - a^2 u_{xx} = A\left(\dfrac{x}{l} - 1\right)\cos \omega t, & 0 < x < l, \ t > 0, \\ u \big|_{x=0} = u \big|_{x=l} = 0, \\ u \big|_{t=0} = 0, \end{cases}$

其中 A, ω 为常数.

(8) $\begin{cases} u_t - a^2 u_{xx} + b^2 u = 0, & 0 < x < l, \ t > 0, \\ u \big|_{x=0} = u_0 t, \quad u_x + \sigma u \big|_{x=l} = 0, \\ u \big|_{t=0} = 0, \end{cases}$

其中 b, u_0, σ 为常数，$\sigma > 0$.

2. 一长为 l 的均匀细杆，侧面与外界绝缘，两端温度永远保持为零度. 设初始温度的分布为
$$u \big|_{t=0} = bx(l - x)/l^2.$$
试求 $t > 0$ 时杆上的温度分布.

3. 一长为 l 的均匀细杆，侧面与外界绝缘，两端点处保持常温：

$$u\big|_{x=0} = U_1, \quad u\big|_{x=l} = U_2,$$

初始温度分布为

$$u\big|_{t=0} = U_0 (常数).$$

试求 $t > 0$ 时杆上的温度分布 $u(x,t)$, 并求 $t \to \infty$ 时的稳定温度

$$\bar{u} = \lim_{t \to \infty} u(x,t).$$

4. 在区域 $t > 0, 0 < x < l$ 中求以下初边值问题的解:

(1) $\begin{cases} u_t = a^2 u_{xx} - \beta u, \quad a^2, \beta > 0 \text{ 为常数}, \\ u(0,t) = u_x(l,t) = 0, \\ u(x,0) = \sin \dfrac{\pi}{2l} x. \end{cases}$

(2) $\begin{cases} u_t = a^2 u_{xx} - \beta u, \\ u_x(0,t) - hu(0,t) = 0, \quad u_x(l,t) = 0, \\ u(x,0) = U, \end{cases}$

a^2, β, h 均为正常数.

(3) $\begin{cases} u_t = a^2 u_{xx} - \beta u + \sin \dfrac{\pi}{l} x, \quad a^2, \ \beta > 0 \text{ 为常数}, \\ u(0,t) = u(l,t) = 0, \\ u(x,0) = 0. \end{cases}$

5. 设 $u(x,t)$ 是 $\left(0, \dfrac{\pi}{2}\right) \times (0, \infty)$ 中初边值问题

$$\begin{cases} u_t = u_{xx}, \\ u(0,t) = 1, \quad u\left(\dfrac{\pi}{2}, t\right) = 4, \\ u(x,0) = \cos^4 x + 4\sin^5 x \end{cases}$$

的解, 求 $\lim\limits_{t \to +\infty} u(x,t)$.

第十讲　热传导方程的柯西问题与傅里叶变换

教　师　现在我们来讨论热传导方程的柯西问题.

学生 A　研究弦振动方程的柯西问题时,我们导出了达朗贝尔公式.热传导方程是否也有类似的简单公式呢?

教　师　热传导方程的柯西问题不可能通过这样简单的方式得出,但傅里叶积分方法可用来解热传导方程的柯西问题.

学生 A　[1]中第二章第 3 节是讲到这一点的,我觉得这里的推导似不够严格.

教　师　这一段着重讲从傅里叶级数方法发展到傅里叶积分方法的思想.它告诉人们如何在数学研究中做到触类旁通、举一反三,从一个方法或概念延伸到另一个方法或概念,使得对问题的研究逐渐深入,故是十分重要的.我们在数学理论或应用的学习与研究中,严密的逻辑思维与严格的推导固然是十分重要的,但是对于问题的内在思想的把握更是必不可少的.否则,就容易被牵着鼻子走,或陷入死记硬背的境地.比如说,当你们知道了傅里叶级数方法与傅里叶积分方法本质上是一回事,就可以经常将两者进行对比,发现在用这两种方法分别处理初边值问题和柯西问题时,很多想法与所获得的结论是极其相似的.

学生 B　傅里叶积分又称为傅里叶变换.一个函数的傅里叶积分是关于参数的另一个函数.这样,我们是否可以说一个函数被变换成了另一个函数呢?

教　师　对,但这一称谓上的变化也蕴含着新的内涵与新的观点.就好比 $\sin x$ 不仅被视为单个给定角 x 的正弦值,也被视为以 x 为自变量的函数.这种看问题视角的变化对以后影响也是很大的.

学生 A　既然傅里叶级数方法与傅里叶积分方法有很多可类比之处,那么傅里叶级数方法将函数变成了什么呢?

教　师　它将一个定义在有限区间上的函数变成了一个数列,即傅里叶级数中的系数构成的数列.而傅里叶逆变换则对应于将一个数列变回到有限区间上定义的函数的运算.

学生 C　将函数变来变去有什么好处?

教　师　你们可曾注意到傅里叶变换将微分运算变成了乘法运算?这是很不简单的.我们知道,微分运算是一个极限过程,有多个微分运算合在一起的偏微分方程一般不容易求解,而乘法运算是一个有限运算,热传导方程的柯西问题经过这样的变换变成了含参数的常微分方程的柯西问题,这就较容易求解了.

学生 A　对于变换后的常微分方程柯西问题的解,还得进行傅里叶逆变换?

教　师　是的,这一步往往是较困难的一步.因为一个函数的傅里叶逆变换(傅里叶变换也一样)不一定能用显式表达式写出,有时需要通过相当巧妙的运算才能写出.

学生 B　热传导方程柯西问题最后得到的求解公式

$$u(x,t) = \frac{1}{2a\sqrt{\pi t}} \int_{-\infty}^{\infty} \varphi(\xi)\, e^{-\frac{(x-\xi)^2}{4a^2 t}} \,\mathrm{d}\xi \tag{10.1}$$

很漂亮.以后也只需要将初始条件往里面代,就可得到问题的解了.

教　师　这个公式称为泊松公式.其中的积分核 $e^{-\frac{x^2}{4a^2 t}}$ 称为热核.这样的积分在很多其他问题中也会出现.例如在几何分析、概率论等学科中.

学生 C　要将积分算出来还得花工夫!此外,我看到[1]中还对公式(10.1)是否确实是满足柯西问题的解作了验证,这一验证是否多余?

教　师　不多余.因为在用傅里叶变换求热传导方程柯西问题的解时,是先假定了有一个可进行傅里叶变换的解存在.这样的假设是否正确? 如果所得到的形为(10.1)的函数确实满足柯西问题的诸条件,才能断定原柯西问题真正存在解.例如大家可注意到在[1]中证明热传导方程柯西问题解的存在性时,有一个 $\varphi(x)$ 是连续有界函数的条件,这个条件保证了傅里叶变换可进行.否则,将一个不满足连续有界条件的函数 $\varphi(x)$ 形式地代入(10.1),所得到的积分不见得有意义,自然也谈不上解出了柯西问题.

学生 A　傅里叶变换方法是否也可以用于求其他方程柯西问题的解?

教　师　原则上是可以的.对于多个空间变量的热传导方程的柯西问题,其运算过程是类似的.但当方程的系数为变系数时,傅里叶变换会相当复杂,从而使该方法需要作一定的修正,甚至不能顺利地应用.对于多个空间变量的波动方程,傅里叶变换方法也是可用的.你们可自己尝试一下,这时的困难主要在于将傅里叶逆变换用较简洁的形式表达出来.

学生 B　那么,是否有其他的变换也能将较复杂的偏微分方程化成代数方程或较简单的微分方程呢?

教　师　有.根据不同的方程与定解条件,除傅里叶变换外还发展有拉普拉斯变换、梅林变换、汉克尔变换等.你们如有兴趣可参阅[8],[9]或其他的参考文献.

　　例 10.1　求解柯西问题

$$\begin{cases} u_t - a^2 u_{xx} - b u_x - cu = f(x,t), & (10.2) \\ u\big|_{t=0} = \varphi(x), & (10.3) \end{cases}$$

其中 a,b,c 为常数.

　　解　首先设法消去方程(10.2)中的 $-bu_x$,$-cu$ 两项,从而将问题化成标准的热传导方程的问题.这样的变换可取为

$$u = e^{\lambda t + \mu x} v,$$

其中 λ, μ 为待定常数. 将

$$u_t = \lambda e^{\lambda t + \mu x} v + e^{\lambda t + \mu x} v_t,$$

$$u_x = \mu e^{\lambda t + \mu x} v + e^{\lambda t + \mu x} v_x,$$

$$u_{xx} = \mu^2 e^{\lambda t + \mu x} v + 2\mu e^{\lambda t + \mu x} v_x + e^{\lambda t + \mu x} v_{xx}.$$

代入方程 (10.2) 得

$$v_t - a^2 v_{xx} - (2a^2\mu + b) v_x + (\lambda - a^2\mu^2 - b\mu - c) v$$
$$= e^{-\lambda t - \mu x} f(x, t).$$

取

$$\mu = -\frac{b}{2a^2}, \quad \lambda = -\frac{b^2}{4a^2} + c,$$

则有

$$v_t - a^2 v_{xx} = e^{-\lambda t - \mu x} f(x, t). \tag{10.4}$$

而 v 满足的初始条件为

$$v \big|_{t=0} = e^{-\mu x} \varphi(x). \tag{10.5}$$

柯西问题 (10.4), (10.5) 的解为

$$v(x, t) = \frac{1}{2a\sqrt{\pi t}} \int_{-\infty}^{\infty} e^{-\mu\xi} \varphi(\xi) e^{-\frac{(x-\xi)^2}{4a^2 t}} d\xi +$$
$$\frac{1}{2a\sqrt{\pi}} \int_0^t \int_{-\infty}^{\infty} \frac{e^{-\lambda\tau - \mu\xi} f(\xi, \tau)}{\sqrt{t-\tau}} e^{-\frac{(x-\xi)^2}{4a^2(t-\tau)}} d\xi d\tau.$$

所以

$$u(x, t) = \frac{1}{2a\sqrt{\pi t}} \int_{-\infty}^{\infty} \varphi(\xi) e^{\lambda t + \mu(x-\xi) - \frac{(x-\xi)^2}{4a^2 t}} d\xi +$$
$$\frac{1}{2a\sqrt{\pi}} \int_0^t \int_{-\infty}^{\infty} \frac{f(\xi, \tau)}{\sqrt{t-\tau}} e^{\lambda(t-\tau) + \mu(x-\xi) - \frac{(x-\xi)^2}{4a^2(t-\tau)}} d\xi d\tau$$
$$= \frac{1}{2a\sqrt{\pi t}} \int_{-\infty}^{\infty} \varphi(\xi) e^{ct - \frac{(x+bt-\xi)^2}{4a^2 t}} d\xi +$$
$$\frac{1}{2a\sqrt{\pi}} \int_0^t \int_{-\infty}^{\infty} \frac{f(\xi, \tau)}{\sqrt{t-\tau}} e^{c(t-\tau) - \frac{(x+b(t-\tau)-\xi)^2}{4a^2(t-\tau)}} d\xi d\tau.$$

例 10.2 由两种不同材料组成的细杆的热传导现象可以归结为如下定解问题:

$$\begin{cases} u_t - a_l^2 u_{xx} = 0, & -\infty < x < 0, \ t > 0, & (10.6) \\ u \big|_{t=0} = \varphi(x), & -\infty < x < 0, & (10.7) \\ v_t - a_r^2 v_{xx} = 0, & 0 < x < \infty, \ t > 0, & (10.8) \\ v \big|_{t=0} = \psi(x), & 0 < x < \infty, & (10.9) \\ u(0^-, t) = v(0^+, t), \quad k_l u_x(0^-, t) = k_r v_x(0^+, t), & (10.10) \end{cases}$$

其中 k_l, k_r 分别表示两种材料的热传导系数. 另外设 $\varphi(0) = \psi(0)$, 试求解上述定解问题.

解 设法将上述问题化为具同一热传导系数的热传导方程的柯西问题. 设 $u(x,t), v(x,t)$ 为

问题(10.6)~(10.10)的解,则当 $x>0$ 时,$u(-x,t)$ 与 $v\left(\dfrac{a_r}{a_l}x,t\right)$ 均满足方程(10.6).令

$$\bar u(x,t)=\alpha u(-x,t)+\beta v\left(\frac{a_r}{a_l}x,t\right),\quad x>0,\tag{10.11}$$

其中 α,β 为待定常数.显然 $\bar u(x,t)$ 当 $x>0$ 时满足方程(10.6).令

$$U(x,t)=\begin{cases}\bar u(x,t),&\text{当 }x>0,t>0\text{ 时},\\ u(x,t),&\text{当 }x<0,t>0\text{ 时}.\end{cases}\tag{10.12}$$

现在选取 α,β,使由(10.12)式定义的函数 $U(x,t)$ 及 $U_x(x,t)$ 在 $x=0$ 处连续,即

$$u(0^-,t)=\bar u(0^+,t),\quad u_x(0^-,t)=\bar u_x(0^+,t).$$

由 $\bar u$ 的表达式(10.11)得 α,β 应满足

$$u(0^-,t)=\alpha u(0^-,t)+\beta v(0^+,t),$$

$$u_x(0^-,t)=-\alpha u_x(0^-,t)+\beta\frac{a_r}{a_l}v_x(0^+,t).$$

再利用 $x=0$ 处的连接条件(10.10),有

$$u(0^-,t)=\alpha u(0^-,t)+\beta u(0^-,t),$$

$$k_r u_x(0^-,t)=-\alpha k_r u_x(0^-,t)+\beta\frac{a_r}{a_l}k_l u_x(0^-,t).$$

这就是说,只要取 α,β,使

$$\begin{cases}\alpha+\beta=1\\ -k_r\alpha+\dfrac{a_r}{a_l}k_l\beta=k_r,\end{cases}\tag{10.13}$$

那么由(10.12)给出的 $U(x,t)$ 及其关于 x 的一阶偏导数在 $x=0$ 处连续,且满足

$$\begin{cases}U_t-a_l^2U_{xx}=0,\quad x\neq0,t>0,\\ U\big|_{t=0}=\begin{cases}\alpha\varphi(-x)+\beta\psi\left(\dfrac{a_r}{a_l}x\right),&\text{当 }x>0,\\ \varphi(x),&\text{当 }x<0.\end{cases}\end{cases}$$

由热传导方程柯西问题解的泊松公式知

$$U(x,t)=\frac{1}{2a_l\sqrt{\pi t}}\int_{-\infty}^0\varphi(\xi)\left[\mathrm{e}^{-\frac{(x-\xi)^2}{4a_l^2t}}+\alpha\mathrm{e}^{-\frac{(x+\xi)^2}{4a_l^2t}}\right]\mathrm{d}\xi+$$

$$\frac{\beta}{2a_l\sqrt{\pi t}}\int_0^\infty\psi\left(\frac{a_r}{a_l}\xi\right)\mathrm{e}^{-\frac{(x-\xi)^2}{4a_l^2t}}\mathrm{d}\xi,$$

其中 α,β 由(10.13)式决定.

由 $U(x,t)$ 的定义式(10.12)知 $u(x,t)=U(x,t),x<0$.再由(10.11)式得

$$v(x,t)=\frac{1}{\beta}U\left(\frac{a_l}{a_r}x,t\right)-\frac{\alpha}{\beta}u\left(-\frac{a_l}{a_r}x,t\right),\quad x>0.$$

注   在上述问题中,连结条件(10.10)是必不可少的.它的物理意义是:虽然材料的性能在 $x=0$ 点的两侧不同,但在该点的温度是唯一确定的,且从一侧往另一侧的流入热量与流出热量相等.

习　　题

1. 求热传导方程
$$u_t - a^2 u_{xx} = 0 , \quad x \in \mathbf{R}, \ t > 0$$
的柯西问题的解,已知初始条件为

（1）$u|_{t=0} = \cos x$;　　　（2）$u|_{t=0} = \sin x$;　　　（3）$u|_{t=0} = x + x^2$.

2. 利用误差积分
$$\Phi(z) = \frac{2}{\sqrt{\pi}} \int_0^z \mathrm{e}^{-\xi^2} \mathrm{d}\xi$$

给出热传导方程
$$u_t - a^2 u_{xx} = 0 , \quad x \in \mathbf{R}, \quad t > 0$$
的柯西问题的解,已知初始条件为

（1）$u|_{t=0} = \begin{cases} 1, & \text{当 } x > 0 \text{ 时,} \\ 0, & \text{当 } x < 0 \text{ 时;} \end{cases}$　　　（2）$u|_{t=0} = \begin{cases} A, & \text{当 } x \in (-l, l) \text{ 时,} \\ 0, & \text{当 } x \notin (-l, l) \text{ 时;} \end{cases}$

（3）$u|_{t=0} = \begin{cases} A\mathrm{e}^{-\alpha x}, & \text{当 } x > 0 \text{ 时,} \\ 0, & \text{当 } x < 0 \text{ 时,} \end{cases}$　其中 A, α 为常数且 $\alpha > 0$.

3. 求热传导方程
$$u_t - a^2 u_{xx} = 0$$
的所有形如
$$u = \frac{1}{\sqrt{t}} f\left(\frac{x}{2a\sqrt{t}} \right)$$
的解.

4. 试求解如下边值问题:
$$\begin{cases} u_t - a^2 u_{xx} = 0 , & x, t > 0, \\ u|_{t=0} = \varphi(x) , & x > 0, \end{cases}$$
在 $x = 0$ 处的边界条件为下述三种形式之一:

（1）$u|_{x=0} = 0$;　　　（2）$u_x|_{x=0} = 0$;　　　（3）$u_x - \sigma u|_{x=0} = 0$,其中 $\sigma > 0$ 为常数.

5. 试用第 2 题中的误差积分给出下述边值问题的解:

（1）$\begin{cases} u_t - a^2 u_{xx} = 0 , & x, t > 0, \\ u|_{t=0} = 0 , & x > 0, \\ u|_{x=0} = A, \end{cases}$　　其中 A 为常数;

（2）$\begin{cases} u_t - a^2 u_{xx} = 0 , & x, t > 0, \\ u|_{t=0} = 0 , & x > 0, \\ u_x|_{x=0} = A, \end{cases}$　　其中 A 为常数;

（3）$\begin{cases} u_t - a^2 u_{xx} + b^2 \mathrm{e}^{-kx} = 0 , & x, t > 0, \\ u|_{t=0} = 0 , & x > 0, \\ u|_{x=0} = A, \end{cases}$　　其中 a, b, k, A 均为常数,且 $k > 0$.

6. 在例 10.2 中,设 $\varphi(x) \equiv 0, \psi(x) \equiv A$,试用误差积分给出该问题的解,其中 A 为常数.

7. 证明:对于方程 $u_t = u_{xx}$ 的柯西问题,如果初始函数 $u(x, 0)$ 是奇函数,那么解 $u(x, t)$ 也是关于 x 的奇函数.

第十一讲　极　值　原　理

教　师　热传导方程的解满足极值原理:如果在物体内部没有热源,则物体内部的最高温度不会超过初始时刻整个物体的最高温度或边界上的最高温度.

学生 A　因为热量总是从温度高处往温度低处流,所以这个事实应该是很明显的.物体内部任何一点的高温度都不可能是凭空突然冒出来.试想,要是内部没有热源,周围温度很低,物体的最高温度怎么可能超过初始时刻的最高温度?

教　师　将物理上明显的事实用严格的数学语言描述,不仅可以赋予数学表达以生动的含义,还往往提供了精妙的数学方法.

学生 B　那么,刚才所说的事实提供了什么数学方法呢?

教　师　它在数学上可表达为极值原理,并且常用以来证明解的唯一性、稳定性等.极值原理对不同方程,不同定解问题有不同的表达.对于热传导方程的初边值问题来说,它的严格表述为:设 $u(x,t)$ 在矩形 $\{\alpha \leq x \leq \beta, 0 \leq t \leq T\}$ 上连续,在矩形内部满足热传导方程 $u_t - a^2 u_{xx} = 0$,则它必定在矩形的两个侧边 $\{x = \alpha$ 及 $x = \beta, 0 \leq t \leq T\}$ 及底边 $\{\alpha \leq x \leq \beta, t = 0\}$ 上取到其最大值和最小值.

以后,为语言简洁起见.我们将该矩形的两个侧边与其下底边(即整个边界去掉上底边的内点)称为该矩形区域的抛物边界.

学生 C　极值原理的证明可用反证法证明,见[1].但我不知道其中的辅助函数是怎么想出来的.我们也可以用其他形式的辅助函数吗?

教　师　想法是这样的.如果热传导方程的解 $u(x,t)$ 在抛物边界以外的某一点 (x^*,t^*) 取得极大值,则在该点 $u_t \geq 0, u_{xx} \leq 0$,所以 $u_t - a^2 u_{xx} \geq 0$.可惜这与热传导方程所表示的等式 $u_t - a^2 u_{xx} = 0$ 并不能说有矛盾.将热传导方程左边的微分算子简称为热算子 L.我们设法将 $u(x,t)$ 做一些修改,使得修改后的 $\bar{u}(x,t)$ 仍在内部取极大值,但它将导致 Lu 在某点严格正,这就会导致矛盾.那么怎样修改 $u(x,t)$ 呢? 由于按反证法的假设 $u(x^*,t^*)$ 大于抛物边界上的最大值,则由于抛物边界是闭集,故在这两者之间必有一个空隙.从而插进一个取值很小的正函数,不会改变 $u(x,t)$ 在内部取最大值的性质.这个取值很小的正函数应当在作用算子 L 后为负.当然为了运算的简单,我们希望这样的函数的表达式也尽可能的简单,$\varepsilon(x - x^*)^2$ 就是一个选择.在[1]中还更具体地写出 $\varepsilon = \dfrac{M - m}{4(\beta - \alpha)^2}$,于是 $\bar{u}(x,t)$ 可取为 $u(x,t) + \varepsilon(x - x^*)^2$,以后的论证在[1]中都写得很明白.

学生 C 所以只要 $w \geq 0, Lw < 0, \varepsilon$ 充分小,则 $u + \varepsilon w$ 就都可以是所需的辅助函数.

教 师 是的,就如我前面所说,$\bar{u}(x,t)$ 也可以替换为别的合乎要求的函数.在偏微分方程的论证中经常会需要构造一个辅助函数,辅助函数的选取往往有一定的任意性,但具体将其构造出来也蕴含着一些技巧.这时我们应尽量体会构造辅助函数的一些内在想法,而不是简单地验证所列举的条件一一满足.

学生 C 极值原理有什么用途?

教 师 极值原理对解的性质给出了一个限制.由于热传导方程是线性偏微分方程,由其极值原理可立刻导出解的唯一性与稳定性.

学生 A 在证明热传导方程柯西问题有界解的唯一性时,也需要引入一个辅助函数,这个辅助函数又是怎么想出来的?

教 师 让我们说得详细些.设 $u(x,t)$ 是热传导方程 $u_t - a^2 u_{xx} = 0$ 取零初始条件的解.为说明它是零解,只要指出它在任意点的值都必须是零.于是,对任意给定的点 (x_0, t_0),我们构造一个含一个参数 ε 的函数 $V(\varepsilon, x, t)$,对它作用算子 $\partial_t - a^2 \partial_{xx}$ 时,有 $V_t - a^2 V_{xx} = 0$.当参数充分小时,函数 $V(\varepsilon, x_0, t_0)$ 的值也会充分小.而不管参数取值如何,这个函数在充分远的地方总能控制住 $u(x,t)$.这样,由极值原理可知,在 (x_0, t_0) 点 $u(x_0, t_0)$ 的值也被 $V(\varepsilon, x_0, t_0)$ 所控制.但 $u(x_0, t_0)$ 是与参数 ε 无关的,这样它就必须为零.

$V(\varepsilon, x, t)$ 怎么选取?按上述要求,它可取为 $\varepsilon \left(\dfrac{(x-x_0)^2}{2} + a^2 t \right)$.注意到 $u(x,t)$ 是有界的,记它的界为 B,则在 $|x - x_0| > \left(\dfrac{2B}{\varepsilon} \right)^{\frac{1}{2}}$ 处 $V(\varepsilon, x, t)$ 就能控制住 $u(x,t)$.从而它满足我们所提出的一切要求.在 [1] 中 ε 具体地取为 $\dfrac{4B}{L^2}$,你们可自己试试其他形式的 $V(\varepsilon, x, t)$ 是否可行?

学生 C 我总觉得辅助函数的选取不容易.

教 师 多体会,多积累经验吧!

学生 B 在热传导方程解的唯一性或稳定性的定理中都加了"解是有界的"条件,这个有界的限制条件是否可去掉?

教 师 在证明解的唯一性过程中用到了解是有界的这个假定.吉洪诺夫在 1935 年曾给出过一个反例,即热传导方程柯西问题存在一个非零解,它的初值是零.这个解在 $x \to \infty$ 时是无界的,所以解的有界性或者较弱的关于解在 $x \to \infty$ 时增长性的限制条件是必需的.

学生 A 对非齐次热传导方程是否有极值原理?

教 师 有,当热传导方程 $u_t - a^2 u_{xx} = f(x,t)$ 的右端非零时,表示物体内部有热源.若 $f \leq 0$,表示内部有吸热机制,则内部最高温度不超过抛物边界上的最高温度.若 $f \geq 0$,表示内部有产生热量的源泉,则内部最低温度不低于抛物边界上的最低温度.以 R 记内部区域

$\{\alpha \leqslant x \leqslant \beta, 0 \leqslant t \leqslant T\}$, 以 Γ 记其抛物边界, 我们有

（1）若 $f \leqslant 0$, 则 $\max\limits_{R} u(x,t) = \max\limits_{\Gamma} u(x,t)$；

（2）若 $f \geqslant 0$, 则 $\min\limits_{R} u(x,t) = \min\limits_{\Gamma} u(x,t)$.

例 11.1　对非齐次热传导方程的初边值问题：

$$\begin{cases} u_t - a^2 u_{xx} = f(x,t), & 0 < x < l, \ 0 < t \leqslant T, \\ u\big|_{x=0} = u\big|_{x=l} = 0, \\ u\big|_{t=0} = 0, \end{cases}$$

试证明其解 $u(x,t)$ 在下述意义下对右端 $f(x,t)$ 的连续依赖性：若

$$\sup\limits_{0 \leqslant x \leqslant l, 0 < t \leqslant T} |f(x,t)| \leqslant \frac{\varepsilon}{T},$$

则

$$\sup\limits_{0 \leqslant x \leqslant l, 0 < t \leqslant T} |u(x,t)| \leqslant \varepsilon. \tag{11.1}$$

证　令

$$v = u + \frac{T-t}{T}\varepsilon.$$

显然 v 满足如下初边值问题：

$$\begin{cases} v_t - a^2 v_{xx} = f - \dfrac{\varepsilon}{T}, \\ v\big|_{x=0,l} = \dfrac{T-t}{T}\varepsilon, \\ v\big|_{t=0} = \varepsilon. \end{cases}$$

因为

$$f - \frac{\varepsilon}{T} \leqslant 0, \quad 0 \leqslant t \leqslant T,$$

而 $v(x,t)$ 在抛物边界 $\{x=0,l, \ T \geqslant t \geqslant 0\} \cup \{0 \leqslant x \leqslant l, \ t=0\}$ 上不大于 ε, 故由非齐次热传导方程的极值原理知

$$\sup\limits_{0 \leqslant x \leqslant l, 0 \leqslant t \leqslant T} v \leqslant \varepsilon.$$

又取

$$v = u - \frac{T-t}{T}\varepsilon,$$

类似地可证

$$\inf\limits_{0 \leqslant x \leqslant l, 0 < t \leqslant T} u(x,t) \geqslant -\varepsilon.$$

两者合之, 即得 (11.1) 式. 证毕.

例 11.2　记 R 为区域 $\{0 \leqslant x \leqslant l, 0 \leqslant t \leqslant T\}$, Γ 为其抛物边界. $u(x,t)$ 是方程

$$u_t - a(x,t)u_{xx} + b(x,t)u_x + c(x,t)u = 0$$

的解, a, b, c 为 R 上的连续函数, 且 $a > 0$.

（1）试证明, 如果 $c > 0$, 则

$$\max\limits_{R} |u(x,t)| = \max\limits_{\Gamma} |u(x,t)|. \tag{11.2}$$

（2）试证解 $u(x,t)$ 一般满足如下估计：

$$\max_{R} | u(x,t) | \leqslant e^{\lambda T} \max_{\Gamma} | u(x,t) |. \tag{11.3}$$

其中 $\lambda = \max\{0, \max_{R}(-c)\}$.

证明 （1）首先来证明，若 $\max_{R} u(x,t) > 0$，则

$$\max_{R} u(x,t) = \max_{\Gamma} u(x,t). \tag{11.4}$$

我们用反证法证明(11.4)式. 若有 $(x^*, t^*) \in R \backslash \Gamma$，使

$$u(x^*, t^*) = \max_{R} u(x,t),$$

则

$$u_x(x^*, t^*) = 0, \quad u_t(x^*, t^*) \geqslant 0, \quad u_{xx}(x^*, t^*) \leqslant 0.$$

由 u 所满足的方程得

$$c(x^*, t^*) u(x^*, t^*) = u_t(x^*, t^*) - a(x^*, t^*) u_{xx}(x^*, t^*) \leqslant 0.$$

但这与 $c(x^*,t^*) > 0, u(x^*,t^*) > 0$ 矛盾. 因此(11.4)式成立.

类似地可以证明，若 $\min_{R} u(x,t) < 0$，则

$$\min_{R} u(x,t) = \min_{\Gamma} u(x,t). \tag{11.5}$$

由(11.4)与(11.5)即得(11.2)式.

（2）令

$$u = e^{\alpha t} v,$$

则 v 满足

$$v_t - a(x,t) v_{xx} + b(x,t) v_x + (c(x,t) + \alpha) v = 0.$$

取 $\alpha > \lambda$，则 $c(x,t) + \alpha > 0$，由(1)知

$$| v(x,t) | \leqslant \max_{\Gamma} | v(x,t) |, \quad \forall (x,t) \in R.$$

即

$$| u(x,t) | \leqslant e^{\alpha T} \max_{\Gamma} | u(x,t) |, \quad \forall (x,t) \in R.$$

因上式对一切 $\alpha > \lambda$ 均成立，故有(11.3)式. 证毕.

习　　题

1. 利用极值原理证明热传导方程的初边值问题

$$\begin{cases} u_t - a^2 u_{xx} = f(x,t), & 0 < x < l, \ t > 0, \\ u_x - \sigma u |_{x=0} = h(t), \quad u_x + \sigma u |_{x=l} = g(t), \\ u |_{t=0} = \varphi(x) \end{cases}$$

解的唯一性，其中 $\sigma > 0$ 为常数.

2. 设 $\Omega \subset \mathbf{R}^2$ 为有界区域，$G = \Omega \times (0, T)$，$\Sigma = \partial\Omega \times [0, T]$. 又设 $u(x,y,t)$ 为二维热传导方程

$$u_t - a^2 (u_{xx} + u_{yy}) = 0$$

在 G 中的解. 试证

$$\max_{G}|u(x,y,t)|\leqslant\max_{\Gamma}|u(x,y,t)|,$$

其中 Γ 由 Σ 与 $\{(x,y,t)\,|\,(x,y)\in\Omega,\quad t=0\}$ 组成.

3. 设 $u(x,t)$ 为热传导方程

$$u_t-a^2u_{xx}-cu=0$$

在矩形 $R=\{(x,t)\,|\,0<x<l,\quad 0<t<T\}$ 中的解,其中 $c>0$ 为常数.如果

$$|u(0,t)|,\quad |u(l,t)|\leqslant M_1,\quad t\in[0,T],$$

$$|u(x,0)|\leqslant M_2,\quad x\in[0,l],$$

试证:

$$|u(x,t)|\leqslant\max\{M_1{\rm e}^{ct},M_2{\rm e}^{ct}\},\quad (x,t)\in R.$$

由此给出该方程的第一初边值问题的解对初值与边值的连续依赖性.

4. 设 $u(x,t)$ 为方程

$$u_t-au_{xx}+bu_x+cu=f(x,t)$$

在矩形 $R=(\alpha,\beta)\times(0,T)$ 中的解,其中 a,b,c 为常数,且 $a>0,c\geqslant 0$. 又设

$$|u(x,0)|\leqslant M,\quad \alpha\leqslant x\leqslant\beta,$$

$$|f(x,t)|\leqslant N,\quad \forall(x,t)\in R.$$

试证:

$$|u(x,t)|\leqslant M+Nt,\quad \forall(x,t)\in R.$$

5. 证明无界区域上热传导方程的极值原理:设 $u(x,t)$ 在带形域 $\{(x,t)\,|\,x\in\mathbf{R},0\leqslant t\leqslant T\}$ 上连续有界,当 $0<t<T$ 时满足热传导方程 $u_t-a^2u_{xx}=0$,则

$$\sup_{0\leqslant t\leqslant T,x\in\mathbf{R}}u(x,t)=\sup_{x\in\mathbf{R}}u(x,0),$$

$$\inf_{0\leqslant t\leqslant T,x\in\mathbf{R}}u(x,t)=\inf_{x\in\mathbf{R}}u(x,0).$$

6. 设 $u(x,t)$ 是 $\{0\leqslant x\leqslant\pi,0\leqslant t<\infty\}$ 中问题

$$\begin{cases}u_t=u_{xx},\\ u\big|_{x=0}=u_x\big|_{x=\pi}=0,\\ u\big|_{t=0}=\varphi(x)\end{cases}$$

的经典解,其中 $\varphi(0)=\varphi'(\pi)=0$.证明

$$\sup_{0<x<\pi}|u(x,1)|\leqslant\sup_{0<x<\pi}|\varphi(x)|.$$

7. 设 $u(x,t)$ 是 $\{0\leqslant x\leqslant l,0\leqslant t\leqslant T\}$ 中边值问题

$$\begin{cases}u_t=u_{xx}+f(x),\\ u\big|_{x=0}=u\big|_{x=l}=0,\\ u\big|_{t=0}=0\end{cases}$$

的经典解,其中 $f(x)\leqslant 0$ 在 $0\leqslant x\leqslant l$ 上成立.试证明:对任意的 $x_0\in(0,l)$,函数 $u(x_0,t)$ 关于 t 是非增的.

第十二讲　解的渐近性态

教　师　偏微分方程的定性研究中包括解的存在性、唯一性、稳定性以及解的各种性质的研究. 描述随时间增长而不断发展、演变的过程的偏微分方程称为发展型方程. 波动方程、热传导方程都是发展型方程. 发展型方程的解随着时间的增长如何变化, 自然是其为人们所关心的. 特别对热传导方程来说, 它的解在时间无限增长时一般都会趋近于一个特定的状态, 称为解的渐近性态.

学生 A　如果得到了方程的解的表达式, 取 $t \to \infty$ 时的极限, 不就得到了解的渐近性态吗?

教　师　知道了解的表达式, 当然不难得知其渐近性态. 更多的情形是: 不知道解的具体表达式是否也可以通过分析与比较来得到解的渐近性态. 此外, 即使有了解的具体表达式, 如果其表达式为一个无穷级数或积分, 为得到解的渐近性态仍需要做相应的计算.

学生 B　解的渐近性态是否也可从物理上得到启发?

教　师　是啊, 就热传导问题而言, 一个物体处在一个稳定的热环境中, 它的温度分布最终会趋于稳定. 如果没有热源或热量输入, 解的渐近性态一般表现为衰减, 但我们必须从数学的角度给予严格的论证.

学生 C　热传导方程初边值问题的解是否要比柯西问题的解衰减得更快?

教　师　在热传导方程的初边值问题中, 如果边界条件是齐次的, 它对区域内部的解就增加了一种控制, 所以一般说来, 解的衰减速度要更快些. 但我们也得指出, 对于热传导方程的柯西问题来说, 更细致的分析有可能给出更精确的衰减估计.

学生 A　波动方程的解也有类似的渐近性态吗?

教　师　波动方程的解在 $t \to \infty$ 时没有指数衰减的性质, 它的渐近性态与空间维数有关. 对于一维波动方程 (即弦振动方程) 的柯西问题, 波动沿着左右两个方向传播, 如果没有阻尼, 波的能量在传播过程中不损失, 所以没有衰减性; 对于二维或三维 (以及更高维) 的波动方程, 波动传播过程中能量往更宽广的空间中扩散, 所以其柯西问题的解有不同速率的衰减. 对于波动方程的初边值问题, 能量可以通过边界流出, 所以解有可能衰减, 其衰减性或渐近性质得结合边界条件做具体的分析.

例 12.1　设 $u(x,t)$ 是下列初边值问题的解:

$$\begin{cases} u_t = u_{xx} & (0 < x < \pi, \ t > 0), \\ u\big|_{x=0} = u\big|_{x=\pi} = 0, \\ u\big|_{t=0} = \varphi(x), \end{cases} \qquad (12.1)$$

其中 $\varphi(x)$ 在 $[0,\pi]$ 上连续可导，$\varphi(0)=\varphi(\pi)=0$. 问 $\varphi(x)$ 满足什么条件时有

$$\lim_{t\to+\infty}e^t u(x,t)=0, \quad \forall\, x\in[0,\pi]. \tag{12.2}$$

解　利用分离变量法知问题(12.1)的解可写成

$$u(x,t)=\sum_{n=1}^{\infty}a_n e^{-n^2 t}\sin nx, \tag{12.3}$$

其中 $\{a_n\}$ 为函数 $\varphi(x)$ 作关于函数系 $\{\sin nx\}$ 展开的傅里叶系数，即

$$a_n=\frac{2}{\pi}\int_0^\pi \varphi(\xi)\sin n\xi\,\mathrm{d}\xi, \quad n=1,2,3,\cdots. \tag{12.4}$$

用 e^t 乘以(12.3)式可得

$$e^t u(x,t)=a_1\sin x+\sum_{n=2}^{\infty}a_n e^{(1-n^2)t}\sin nx. \tag{12.5}$$

注意到 $n\geqslant 2$ 时，

$$|a_n|\leqslant\frac{2}{\pi}\int_0^\pi|\varphi(\xi)|\,\mathrm{d}\xi,$$

故(12.5)的右端第二项所示的级数和趋于零. 从而要使(12.2)成立，必须有 $a_1=0$. 所以 $\varphi(x)$ 应当满足

$$\int_0^\pi \varphi(x)\sin x\,\mathrm{d}x=0, \tag{12.6}$$

此时才有(12.2)成立.

例 12.2　设函数 $\varphi(x)$ 有界，且在区间 (a,b) 外恒等于零. 试证明热传导方程柯西问题

$$\begin{cases}\dfrac{\partial u}{\partial t}-a^2\dfrac{\partial^2 u}{\partial x^2}=0,\\[2mm] u(x,0)=\varphi(x)\end{cases} \tag{12.7}$$

的解 $u(x,t)$ 在 $t\to\infty$ 时于任一 $x_0\notin[a,b]$ 处都有指数衰减的性质.

证　写出解 $u(x,t)$ 的表示式：

$$u(x,t)=\frac{1}{2a\sqrt{\pi t}}\int_{-\infty}^{\infty}\varphi(\xi)e^{-\frac{(x-\xi)^2}{4a^2 t}}\mathrm{d}\xi.$$

由 $\varphi(x)$ 的性质知

$$u(x_0,t)=\frac{1}{2a\sqrt{\pi t}}\int_a^b \varphi(\xi)e^{-\frac{(x_0-\xi)^2}{4a^2 t}}\mathrm{d}\xi.$$

记 $d=\min\{|x_0-a|,|x_0-b|\}$，则

$$|u(x_0,t)|\leqslant\frac{1}{2a\sqrt{\pi t}}\cdot e^{-\frac{d^2}{4a^2 t}}\int_a^b|\varphi(\xi)|\,\mathrm{d}\xi$$

$$\leqslant Ct^{-\frac{1}{2}}e^{-\frac{d^2}{4a^2 t}}.$$

所以 $t\to\infty$ 时 $u(x_0,t)$ 为指数衰减. 证毕.

习　　题

1. 设 $u(x,t)$ 是区域 $\{0<x<3\pi,t>0\}$ 中问题

$$u_t = u_{xx}, \quad u\big|_{x=0} = u\big|_{x=3\pi} = 0, \quad u\big|_{t=0} = \varphi(x)$$

的解,其中 $\varphi(x)$ 在 $[0,3\pi]$ 上连续可导,$\varphi(0) = \varphi(3\pi) = 0$. 请指出函数 $\varphi(x)$ 应满足的条件,使得

a) 存在有限的 $\lim\limits_{t\to+\infty} e^{\sqrt{t}} u(x,t)$,

b) 存在有限的 $\lim\limits_{t\to\infty} e^t u(x,t)$.

2. 若 $u(x,t)$ 是 $-\infty < x < +\infty$, $t > 0$ 半平面上热传导方程 $u_t = u_{xx}$ 满足 $u\big|_{t=0} = \varphi(x)$ 的柯西问题的解. 试求 $\lim\limits_{t\to+\infty} u(x,t)$,其中 $\varphi(x)$ 的选取为:

a) $\varphi(x) = \sin^2 x$,

b) $\varphi(x) = \dfrac{x^2}{1+2x^2}$.

3. 设 $u(x,t)$ 满足

$$\begin{cases} u_t = u_{xx} + u_{yy} + u_{zz} - 3u, \quad t > 0, \\ u\big|_{t=0} = e^{-(x+y+z)}. \end{cases}$$

求 $\lim\limits_{t\to+\infty} u(x,y,z,t)$.

4. 设 $u(x,t)$ 是区域 $\{-\infty < x < +\infty, t > 0\}$ 中柯西问题

$$\begin{cases} u_t = u_{xx}, \quad t > 0, \\ u\big|_{t=0} = e^{-x^2} \end{cases}$$

的解. 求 $\lim\limits_{t\to+\infty} \int_0^\infty u(x,t)\,dx$.

5. 设 $u(x,t)$ 是 $(0,l) \times (0,\infty)$ 中初边值问题

$$\begin{cases} u_t = u_{xx}, \\ u(0,t) = u(l,t) = t, \\ u(x,0) = \varphi(x) \end{cases}$$

的解,其中 $\varphi(x)$ 在 $[0,l]$ 上连续可微,$\varphi(0) = \varphi(l) = 0$. 求 $\lim\limits_{t\to+\infty} t^{-1} u(x,t)$.

6. 设 $\varphi(x)$ 在 $[0,1]$ 上连续可微,$\varphi(0) = \varphi(1) = 0$,$u(x,t)$ 是在 $(0,1) \times (0,\infty)$ 中初边值问题

$$\begin{cases} u_t = u_{xx} + \alpha u, \\ u(0,t) = u(1,t) = 0, \\ u(x,0) = \varphi(x) \end{cases}$$

的连续可微解. 试求所有使

$$\lim\limits_{t\to+\infty} u(x,t) = 0, \quad \forall x \in [0,1]$$

成立的 α.

第十三讲　调和方程及其边值问题

教　师　现在我们介绍描写平衡或稳定状态的偏微分方程.

学生 A　波动方程与热传导方程都描写一个物质运动过程,您现在强调了描写一个状态,这个状态是否是与时间无关的?

教　师　是的,所以在这类偏微分方程中不出现时间变量 t. 例如,若有一个振动的薄膜,其位移 $u(x,y,t)$ 满足薄膜振动方程 $u_{tt} - a^2(u_{xx} + u_{yy}) = 0$. 当薄膜停止振动时,$u(x,y,t)$ 不依赖于 t,方程就化约成 $u_{xx} + u_{yy} = 0$. 这个方程称为调和方程或拉普拉斯方程.

学生 B　含三个空间变量的波动方程的不依赖于时间的解,满足 $u_{xx} + u_{yy} + u_{zz} = 0$,也可称为三维调和方程.

学生 C　仅含一个空间变量的弦振动方程呢? 它的不依赖时间的解是否满足一维调和方程?

教　师　弦振动方程不依赖时间的解就满足 $u_{xx} = 0$,这是最简单的常微分方程. 它的解是一个线性函数,物理直观也很清楚. 一根张紧而不振动的弦必定成一条直线,它的位置由两个端点来确定. 这样的情形太简单了,不需要用偏微分方程理论进行研究. 不过它也可以理解为调和方程的一个特殊情形. 而我们研究一般调和方程时所期望的结果以及采用的方法常可从中得到启发.

学生 A　张紧而不振动的薄膜是否位于一个平面上?

教　师　这得看这块薄膜所支承的边界是否位于一个平面上. 如果它的边界不在一个平面上,则这块薄膜当然不可能在一个平面上. 而如果它的边界是稳定不动地支承在一个平面上,则这块薄膜必定也在这一平面上. 当然,后面的论断是需要证明的,以后我们会证明这一点.

学生 A　在静电学中,若采取适当的量纲,单位点电荷产生的电位势是 $\frac{1}{r}$,它除了原点外满足三维调和方程. 如果在一个区域 Ω 中连续地分布电荷,其分布密度为 $\rho(\xi,\eta,\zeta)$,则它们所产生的电位势就是 $\varphi(x,y,z) = \iiint\limits_{\Omega} \dfrac{\rho(\xi,\eta,\zeta)\,\mathrm{d}\xi\,\mathrm{d}\eta\,\mathrm{d}\zeta}{\left[(x-\xi)^2 + (y-\eta)^2 + (z-\zeta)^2\right]^{\frac{1}{2}}}$. 容易验证,在 Ω 外,位势满足调和方程.

教　师　不仅如此,如果 $\rho(\xi,\eta,\zeta)$ 满足 Hölder 条件,则在区域 Ω 内,$\varphi(x,y,z)$ 还满足泊松方程 $\varphi_{xx} + \varphi_{yy} + \varphi_{zz} = -4\pi\rho$.

学生 C　什么是 Hölder 条件?

教　师 Hölder 条件比一般的连续性条件要强一些,但比导数连续的条件要弱.严格写出来是

$$\left| \rho(M) - \rho(M') \right| \leqslant C\,\overline{MM'}^{\,\alpha},$$

其中 M, M' 是区域 Ω 中的任意两点.$\overline{MM'}$ 为这两点间的距离,α 为在 $(0,1)$ 区间中的一个常数,α 越大函数性质越好.这个条件是数学分析常用到的一个条件,你们初次遇到时可能感到有些陌生,以后会习惯的.

学生 C Hölder 条件用在哪里?

教　师 要验证表示形式为积分 $\displaystyle\iiint\limits_{\Omega} \frac{\rho(\xi,\eta,\zeta)\,\mathrm{d}\xi\mathrm{d}\eta\mathrm{d}\zeta}{\left[(x-\xi)^2 + (y-\eta)^2 + (z-\zeta)^2\right]^{\frac{1}{2}}}$ 的函数关于 x, y, z 满足泊松方程,需关于变量 x, y, z 求导.当 (x,y,z) 不在区域 Ω 中时,被积函数没有奇性,积分与求导过程可以交换,因而很容易得到该函数满足泊松方程(这时,由于在区域 Ω 外没有静电荷,泊松方程在 Ω 外与调和方程相同).可是,当 (x,y,z) 落在区域 Ω 中时,被积函数有奇性,积分与求导过程不见得可以交换,这时验证该函数满足方程需要更细致的运算,其中就用到 $\rho(\xi,\eta,\zeta)$ 满足 Hölder 条件.详细的证明可以参考[10].

学生 B 复变函数论中解析函数的实部与虚部都满足调和方程.

教　师 是的,一个复解析函数的实部与虚部满足柯西—黎曼方程,很容易推出它们都满足二维调和方程.

学生 C 那么复变函数论中关于解析函数的结论都可用到调和方程上,就没有必要专门研究调和方程了.

教　师 不能这样说.虽然复解析函数的实部与虚部都满足调和方程,解析函数的许多性质也为调和方程的解所有,但由于复变函数论中关于解析函数的研究是以复数域为基础的,故其中许多深刻的结果不一定能在实数域中得到很好的表现或类比,况且我们所研究的调和方程不一定总是二维的.对于含三个自变量的调和方程,就无法为该方程的解配上一个共轭函数而化成复解析函数进行研究.另一方面,调和方程的有些定解问题,从复变函数论的角度来看并不常见,但从数学物理方程理论与应用的角度来说却有研究价值.

学生 A 调和方程中不出现时间变量 t,在它的定解问题中也不应该有初始条件.

教　师 是的,对它不宜提出初值问题或初边值问题.

学生 B 调和方程可以看成波动方程或热传导方程稳定解所应满足的条件,所以它的边界条件应当与波动方程或热传导方程的边界条件相仿,也有狄利克雷条件、诺伊曼条件、第三边值条件等.所以,相应地有狄利克雷问题、诺伊曼问题、第三边值问题等.

教　师 在应用上还有一类外问题,就是专门研究在全空间扣除一个有界区域的无界区域中寻求调和方程的解的问题.这类问题的提出也是根据实际需要而来的.例如,不可压缩位势流的位势满足调和方程,人们常需要讨论在一个给定物体的外部流场,这时就要讨论外边值问题.又若已知在一个给定物体外部的温度场是稳定的,要确切地了解此温度场

也需要讨论外边值问题.

学生 C　在波动方程或热传导方程的研究中是否也会遇到外问题?

教　师　也会的.例如,讨论一个给定物体外部的不稳定温度场或讨论一个给定物体外部的波的传播等.由于以前你们首次遇到偏微分方程的各类定解问题,故一般先讨论柯西问题或在有界区域内的初边值问题,免得因一下子接触很多不同类型的问题而感到迷惘.

学生 A　在讨论无界区域上的边值问题时需要在无穷远处加上关于解的限制条件,怎样的限制条件才合适?

教　师　具体加哪些条件将根据实际问题而定,有时解的有界性或对解所属的函数类的要求也是一种条件.究竟应当给什么样的条件得根据整个边值问题决定,同时要从数学角度给予论证.太多了不行,太少了也不行.太多了会使满足条件的解根本不存在,太少了就使解不唯一.

学生 B　关于调和方程的推导,我有个问题:薄膜平衡方程为什么既可通过薄膜振动方程的稳定解得到,又可通过变分原理得到?这两种推导的过程似有很大的不同,但结果是相同的.

教　师　薄膜振动方程的物理基础是牛顿第二定律,它与变分原理实际上是等价的.运用动力学中的变分原理也可推导出薄膜振动方程.

学生 C　那么多给出一个推导方程的方法有什么意义?

教　师　变分原理不仅提供给我们推导偏微分方程的一个新方法,更重要的是它将问题的数学形式改变了.将求偏微分方程边值问题的解变换成求一个泛函积分的极值,这是对原始问题的一种新观点,从而可以用新的途径来处理它.

学生 A　寻找泛函积分的极值是否比解偏微分方程的边值问题更容易?

教　师　也不能一概而论,但至少是提供了一种解决问题的方法,尤其是在寻求偏微分方程的近似解、数值解时,化成求积分的极值是相当有效的方法.这种处理问题的方法在数学中常有,它往往可为解决一些困难的问题找到一种新的处理办法.

学生 B　对于上述将偏微分方程的边值问题化成泛函积分极值的做法我还有些疑问.

教　师　有疑问尽管说.我这里先将基本结论复述一下:泊松方程的狄利克雷问题

$$\begin{cases} -\Delta u = f, \\ u\big|_{\Gamma} = 0 \end{cases} \tag{13.1}$$

与泛函积分

$$J(u) = \iint_{\Omega}\left\{\frac{1}{2}\left[\left(\frac{\partial u}{\partial x}\right)^2 + \left(\frac{\partial u}{\partial y}\right)^2\right] - fu\right\}\mathrm{d}x\mathrm{d}y \tag{13.2}$$

相联系.[1]中证明了满足正则性条件 $C^2(\Omega)\cap C^1(\overline{\Omega})$ 且在边界 Γ 上为零的函数类中,如果有函数 u,使积分取到极小值:$J(u) = \min\limits_{\substack{v\in C^2(\Omega)\cap C^1(\overline{\Omega}) \\ v\mid_{\Gamma}=0}} J(v)$,则该函数为问题(13.1)的解.反之,如果问题(13.1)的解具有 $C^2(\Omega)\cap C^1(\overline{\Omega})$ 的正则性,则它必定使积分 $J(u)$

取极小.

学生 B 在您上面的叙述中边界条件 $u|_\Gamma = 0$ 是在问题(13.1)与积分取极小的本身要求中出现的,但正则性条件似乎是外加的. 作为(13.1)的解,只需属于 $C^2(\Omega) \cap C^0(\overline{\Omega})$ 就够了,要求其解的一阶导数连续到边界是否多余? 而对积分 $J(u)$ 来说,要求它有意义,其中涉及的函数 u 具有一阶连续偏导数也够了,要求它具有二阶导数也似乎是额外的要求.

学生 C 还有,是不是一定会有一个函数使积分 $J(u)$ 取到极小值啊?

教 师 这些问题都很重要,你们能发现这些问题很好,说明你们思考得很周密. 不过大家不必担心,上面说到的问题都已有了明确的回答. 简略地说是先将泛函积分 $J(u)$ 的取值范围扩大到新的函数空间,其中任意一个元素是本身及其导数均为平方可积的函数. 在这样的函数空间中,积分 $J(u)$ 一定能取到极小. 另一方面,将问题(13.1)的解的意义也做推广,引进广义解的概念. 在偏微分方程的求解与泛函积分求极值都推广了的意义下,可建立两者是完全一致的事实,以后再设法证明在一定条件下,(13.1)的广义解就是经典解. 由于这里所述的处理方法已超出了本课程的范围,所以我们不详细展开了. 你们有兴趣的话可以自行阅读一些参考书,例如 [6],[9]等.

例 13.1 设 $u \in C^2(\Omega) \cap C^1(\overline{\Omega})$,满足:

$$\begin{cases} -T\Delta u = F, \\ u|_{\partial\Omega} = g, \end{cases}$$

则在边界值取 g 的 $C^1(\overline{\Omega})$ 函数类中,u 必定使

$$J[v] = \frac{T}{2} \iint\limits_\Omega (v_x^2 + v_y^2)\,dxdy + \iint\limits_\Omega Fv\,dxdy$$

达到极小.

证 对任意 $v \in C^1(\overline{\Omega})$,记 $w = v - u$,则 $w|_{\partial\Omega} = 0$. 易见

$$J[v] = J[u] + \frac{T}{2}\iint\limits_\Omega (w_x^2 + w_y^2)\,dxdy +$$

$$T\iint\limits_\Omega (u_x w_x + u_y w_y)\,dxdy - \iint\limits_\Omega Fw\,dxdy.$$

利用分部积分法并利用 u 满足给定方程的事实可知

$$J[v] = J[u] + \frac{T}{2}\iint\limits_\Omega (w_x^2 + w_y^2)\,dxdy -$$

$$T\iint\limits_\Omega w(u_{xx} + u_{yy})\,dxdy - \iint\limits_\Omega Fw\,dxdy \geqslant J[u].$$

所以 u 在所述函数类中使 J 达到极小.

例 13.2 试证明:在调和方程的诺伊曼问题

$$\begin{cases} \Delta u = 0, \quad \text{在 } \Omega \text{ 中}, \\ \dfrac{\partial u}{\partial \boldsymbol{n}} = g, \quad \text{在边界 } \partial\Omega \text{ 上} \end{cases}$$

中,出现在边界条件右端的函数 g 不能随意给出,它必须满足条件 $\displaystyle\int_{\partial\Omega} g\mathrm{d}S = 0.$

　　证　将方程在区域 Ω 上积分,可得

$$\iint_{\Omega} \Delta u\mathrm{d}x\mathrm{d}y = 0,$$

再利用格林公式,即得 $\displaystyle\int_{\partial\Omega} g\mathrm{d}S = 0.$ 证毕.

习　　题

　　1. 设 $u(x_1,\cdots,x_n)=f(r)(r=\sqrt{x_1^2+\cdots+x_n^2})$ 是 n 维调和函数 $\left(\text{即满足方程}\dfrac{\partial^2 u}{\partial x_1^2}+\cdots+\dfrac{\partial^2 u}{\partial x_n^2}=0\right).$
试证明:

$$f(r) = c_1 + \frac{c_2}{r^{n-2}}, \quad n\neq 2,$$

$$f(r) = c_1 + c_2\lg r, \quad n\neq 2.$$

其中 c_1, c_2 为常数.

　　2. 若 (r,θ,z) 表示柱坐标,试证当 $u(r,\theta,z)$ 为调和函数时, ru, 也是调和函数.

　　3. 试证:拉普拉斯算子在球面坐标系 (r,θ,φ) 下可以写成

$$\Delta u = \frac{1}{r^2}\frac{\partial}{\partial r}\left(r^2\frac{\partial u}{\partial r}\right) + \frac{1}{r^2\sin\theta}\frac{\partial}{\partial\theta}\left(\sin\theta\frac{\partial u}{\partial\theta}\right) + \frac{1}{r^2\sin^2\theta}\frac{\partial^2 u}{\partial\varphi^2}.$$

　　4. 证明下列函数都是调和函数:
　　(1) 一切线性函数;　　(2) x^2-y^2, $\quad xy$;
　　(3) $e^x\sin y$;　　　　(4) $\operatorname{sh} x(\operatorname{ch} x+\cos y)^{-1}$, $\quad \sin y(\operatorname{ch} x+\cos y)^{-1}$(在定义域中).

　　5. 证明下列用极坐标表示的函数都是调和函数:
　　(1) $\lg r$, $\quad \theta$;　　(2) $r^n\sin n\theta$, $\quad r^{-n}\cos n\theta$.

　　6. 调和方程的多项式解称为调和多项式.试证: $\mathbf{R}^2$ 中不超过 n 次且线性独立的调和多项式至多只能有 $2n+1$ 个.

　　7. 如果用调和方程表示平衡温度场中温度分布函数所满足的方程,试说明诺伊曼问题有解的条件 $\displaystyle\int_{\partial\Omega} g\mathrm{d}S = 0$ 的物理意义.

　　8. 证明:如果 $u\in C^2(\Omega)\cap C^1(\overline{\Omega})$,使泛函

$$J[v] = \frac{1}{2}\iint_{\Omega}(|\nabla v|^2+cv^2)\mathrm{d}x\mathrm{d}y - \iint_{\Omega} Fv\mathrm{d}x\mathrm{d}y - \int_{\partial\Omega} gv\mathrm{d}S$$

取极小,则它满足:

$$\begin{cases} -\Delta u + cu = F, \\ \left.\dfrac{\partial u}{\partial\boldsymbol{n}}\right|_{\partial\Omega} = g. \end{cases}$$

　　9. 试证:若函数 $u\in C^2(\Omega)\cap C^1(\overline{\Omega})$,且满足方程

$$\frac{\partial^2 u}{\partial x^2} + \frac{\partial^2 u}{\partial y^2} = -\frac{F(x,y)}{T}$$

与边界条件

$$\frac{\partial u}{\partial \boldsymbol{n}}\bigg|_{\partial\Omega} = 0 ,$$

则在集合 $C^1(\overline{\Omega})$ 中, u 必使

$$J(v) = \frac{T}{2}\iint\limits_{\Omega}(v_x^2 + v_y^2)\mathrm{d}x\mathrm{d}y - \iint\limits_{\Omega}Fv\mathrm{d}x\mathrm{d}y$$

取极小值.

10. 设一薄膜张紧在具弹性支承条件的边界上,试写出其总位能的表示式,并由此导出该薄膜位移所应满足的方程与边界条件.

11. 给定圆 $x^2 + y^2 = r^2 < R^2$ 内的狄利克雷问题

$$\begin{cases} u_{xx} + u_{yy} = 0 , & 0 \leqslant r < R, \\ \dfrac{\partial u}{\partial r} = Ax^2 - By^2 + y , & r = R. \end{cases}$$

试问: A,B 应满足什么条件,该问题才有解? 并求出其解.

12. 在圆 $x^2 + y^2 = r^2 \leqslant R^2$ 之外讨论诺伊曼问题

$$\begin{cases} u_{xx} + u_{yy} = 0 , & R < r < \infty , \\ \dfrac{\partial u}{\partial r} = g(x,y) , & r = R, \\ |u(x,y)| < \infty , \end{cases}$$

其中 $g(x,y) = 2xy - Ax^2 + B(A,B$ 为常数). 试问: A,B 满足什么条件时,问题的提法是正确的? 并求出此时的解.

13. 以 B_k 记圆心在原点,半径为 k 的圆,设

$$\Delta u = 1$$

在 $\overline{B}_3 \backslash B_2$ 中成立. 试证明

$$\int\limits_{\partial B_3}\frac{\partial u}{\partial \rho}(\rho,\theta)\,\mathrm{d}S > \int\limits_{\partial B_2}\frac{\partial u}{\partial \rho}(\rho,\theta)\,\mathrm{d}S.$$

第十四讲　调和函数与平均值定理

学生 A　调和方程的解称为调和函数,它的英语名称是 harmonic function,英语 harmonic 也有"和谐""协调"之意.调和方程的解具有很优美的性质,与它的名称相符.

学生 B　怎么理解"优美的性质"?

教　师　调和方程的解总是在区域内部无穷光滑(即无穷次可导)的、解析的,它在每一点的值总是周围取值的平均值,每一点附近的局部性态对整体性态都有影响等.

学生 C　这些性质都相似于复变函数论中解析函数所具有的性质.

教　师　是的.仅从调和函数所满足的方程 $\sum\limits_{i=1}^{n}\dfrac{\partial^2 u}{\partial x_i^2}=0$ 出发,可以逐一地证明上述性质.在关于调和方程的学习中我们除了讨论边值问题解法外,将会遇到较多有关调和方程解的性质的证明,它们都是重要的数学基础知识.

学生 A　您说到调和函数总是无穷次可导的,可是在二维空间中的 $\log\dfrac{1}{\left[(x-x_0)^2+(y-y_0)^2\right]^{\frac12}}$ 与 n 维空间中的 $\left[\sum\limits_{i=1}^{n}(x_i-x_{i0})^2\right]^{-\frac{n-1}{2}}$ 都是调和函数,但它们在 $(x_{10},\cdots,x_{n0})$ 点有奇性.

教　师　不矛盾,我们说调和函数总是无穷次可导是在它的定义域内无穷次可导.函数 $\left[\sum\limits_{i=1}^{n}(x_i-x_{i0})^2\right]^{-\frac{n-1}{2}}$ 的定义域是 $\mathbf{R}^n\backslash(x_{10},\cdots,x_{n0})$,所以该函数在 $(x_{10},\cdots,x_{n0})$ 点的奇性不发生在它的定义域中.这两个函数分别称为二维及 n 维调和方程的基本解.

学生 C　就因为它们的形式简单吗?

教　师　远不止于此.基本解的更深刻含义要在广义函数理论中给出,我们这里只指出,这两个函数在构造调和方程的一般解时将能发挥重要的作用.它们在 $(x_{10},\cdots,x_{n0})$ 点的奇性不是坏事,这样的奇性倒对我们的研究提供了很大的帮助.以三维调和方程为例,它的基本解可记为 $\dfrac{1}{r_{M_0M}}$,其中 M 与 M_0 即 (x,y,z) 与 (x_0,y_0,z_0).于是对于在具有光滑边界 $\partial\Omega$ 的区域 Ω 上任意的调和函数 $u(x,y,z)$,若 M_0 在 Ω 外,成立

$$\iint\limits_{\partial\Omega}\left[u(M)\frac{\partial}{\partial\boldsymbol{n}}\left(\frac{1}{r_{M_0M}}\right)-\frac{1}{r_{M_0M}}\frac{\partial u(M)}{\partial\boldsymbol{n}}\right]\mathrm{d}S_M=0,\tag{14.1}$$

若 M_0 在 Ω 内,成立

$$\iint\limits_{\partial\Omega}\left[u(M)\frac{\partial}{\partial\boldsymbol{n}}\left(\frac{1}{r_{M_0M}}\right)-\frac{1}{r_{M_0M}}\frac{\partial u(M)}{\partial\boldsymbol{n}}\right]\mathrm{d}S_M=-4\pi u(M_0),\tag{14.2}$$

学生 A 在 $[1]$ 中有 (14.1) 与 (14.2) 的证明, 其中 (14.2) 的证明很妙.

教　师 (14.2) 的证明的主要想法是将 $\dfrac{1}{r_{M_0M}}$ 的奇点挖掉. 以 O_ε 记 M_0 点的邻域, 则在 $\Omega \backslash O_\varepsilon$ 中 $\dfrac{1}{r_{M_0M}}$ 就不再有奇性. 于是通常的积分运算以及格林公式在 $\Omega \backslash O_\varepsilon$ 中可以直接应用了. 这种将奇点邻域挖去的方法常会用到.

学生 B 在 (14.1), (14.2) 中没有提到 M_0 落在区域 Ω 的边界上的情形, 如果 M_0 恰落在区域的边界上怎么办?

教　师 这时可用同样的方法论证. 作以 M_0 为球心, ε 为半径的小球 O_ε, 在 $\Omega \backslash O_\varepsilon$ 上应用格林公式, 然后考察 $\varepsilon \to 0$ 的极限. 由于球 O_ε 有一部分在 Ω 外, 就得计算 O_ε 究竟从 Ω 中挖去了多大的一块. 如果 Ω 的边界是光滑的, 当 ε 充分小时, 位于 O_ε 中的光滑边界就与 Ω 的切平面很接近, 于是忽略高价无穷小, 所挖去的部分就近似地为半球. 这样, 在令 $\varepsilon \to 0$ 后可以得到

$$\iint\limits_{\partial\Omega} \left[u(M) \frac{\partial}{\partial \boldsymbol{n}} \left(\frac{1}{r_{M_0M}} \right) - \frac{1}{r_{M_0M}} \frac{\partial u(M)}{\partial \boldsymbol{n}} \right] \mathrm{d}S_M = -2\pi u(M_0), \quad 若 \; M_0 \in \partial\Omega. \tag{14.3}$$

学生 C 如果边界不光滑, 例如有一个角呢?

教　师 在应用格林公式时要在边界上进行面积分, 所以边界的光滑性太差是不行的. 但如果区域 Ω 的边界在 M_0 处是由光滑曲面横截相交成的, 则所挖去的部分就与 $\partial\Omega$ 在 M_0 点处该两曲面的夹角(二维的情形就是与两条边界曲线的夹角)有关. 相应地可以有 (14.3) 这样的等式, 但 $u(M_0)$ 前的系数由夹角而定.

学生 A 从公式 $(14.1) \sim (14.3)$ 来看, 当 M_0 点连续地由区域 Ω 内移动到 Ω 外时, 这些等式左边的积分将有一个跳跃.

教　师 是的, 这一事实在调和方程边值问题的求解中有重要的作用.

学生 B 事实上, 复变函数论中解析函数也有类似的公式成立.

教　师 正是如此, 解析函数的很多性质对调和函数也成立.

学生 C 解析函数的平均值定理对调和函数也成立吗?

教　师 是的, 只需在 (14.2) 中将 Ω 取成以 M_0 为球心的球, 就可得到平均值定理:

$$u(M_0) = \frac{1}{4\pi r^2} \iint\limits_{B_r(M_0)} u \mathrm{d}S, \tag{14.4}$$

其中 $B_r(M_0)$ 是以 M_0 为心, 以 r 为半径的球面.

学生 A 将 (14.4) 乘以 r^2, 再关于 r 积分, 可以得到调和函数任一点的值等于整个球体内该函数的平均值:

$$u(M_0) = \frac{1}{\frac{4}{3}\pi R^3} \iiint\limits_{D_R(M_0)} u \mathrm{d}V, \tag{14.5}$$

其中 $D_R(M_0)$ 是以 M_0 为心,以 R 为半径的球体.

学生 B 一个空间变量的情形,调和函数就是线性函数,它的图形就是直线,平均值定理就相当于线性函数上每一点的值等于该点前后等距离两点的函数值的平均值.

教　师 平均值定理的逆定理也是对的.即如果在区域 Ω 中定义的连续函数对于任意的位于其中的球都满足平均值定理,那么这个函数一定满足调和方程.

学生 C 这是个很漂亮的结论,怎么证明啊?

教　师 这个结论可以用极值原理来证明.让我们先来探讨极值原理.

学生 A 平均值定理推出极值原理是很自然的.调和函数的任意一点的函数值等于以该点为心的小球面上函数的平均值,要在球心取值为最大或最小自然就不可能了.

教　师 但调和方程的极值原理的形式是很强的.它指出,若调和函数在区域内部一点达到极大值或极小值,则该函数必为常数.

学生 B 这与函数的极值必在边界上取到的论断有什么区别?

教　师 用单变量的函数来看吧.函数 $\sin x$ 在区间 $\left[-\dfrac{\pi}{2},\dfrac{5}{2}\pi\right]$ 上的极大、极小值都在内部与边界上取到,但它不是常数.显然,$\sin x$ 不满足方程 $u_{xx}=0$.方程 $u_{xx}=0$ 的解是线性函数,对于线性函数来说,如果在区间内部某一点取到极值,这个函数就只能是常数了,这时函数图像就是一条水平线.

学生 C 我们在前面讨论热传导方程的极值原理时,其表达方式是较弱的形式,即仅指出热传导方程的解的极值必在抛物边界上取到.是不是热传导方程的极值原理都是弱形式的?

教　师 热传导方程也有极值原理的强表现形式,我们将在第二十讲中再来讨论它.

学生 A 证明热传导方程的极值原理那种反证法,能否用于证明调和方程的极值原理呢?

教　师 也可,但那样做只能得到较弱形式的极值原理.事实上,用平均值原理来证明极值原理最简便,结论也是最强的.对于更一般形式的方程,或即使主部为拉普拉斯算子但同时带有低阶项的偏微分方程,平均值原理不成立,而仍然有极值原理.下面的例题可说明这一点.

例 14.1 考察 $\mathbf{R}^n$ 的区域 Ω 中的方程

$$Lu \overset{\Delta}{=} \sum_{i=1}^{n}\frac{\partial^2 u}{\partial x_i^2}+\sum_{i=1}^{n}b_i(x)\frac{\partial u}{\partial x_i}+c(x)u=f(x), \tag{14.6}$$

其中 $b_i(x),c(x)$ 都是 $\overline{\Omega}$ 上的连续函数,若 $c(x)\leqslant 0$,$f(x)>0$,则方程(14.6)的解 u 不能在 Ω 的内部达到其非负极大值.

证 用反证法.如果 u 在某点 $M_0\in\Omega$ 达到非负极大值,则有

$$u(M_0)\geqslant 0,\quad \frac{\partial u}{\partial x_i}(M_0)=0,$$

$$\frac{\partial^2 u}{\partial x_i^2}(M_0) \leqslant 0,$$

所以
$$\sum_{i=1}^n \frac{\partial^2 u}{\partial x_i^2} + \sum_{i=1}^n b_i(x)\frac{\partial u}{\partial x_i} + c(x)u \leqslant 0,$$

它与 $f(x) > 0$ 矛盾. 结论得证. 证毕.

例 14.2　设在 Ω 上 $c(x) \leqslant 0$, $f(x) \geqslant 0$, 则方程 (14.6) 的解 u 不能在 Ω 的内点上达到其非负极大值.

证　用反证法. 若 u 在点 $M_0 \in \Omega$ 达到非负极大值, 且
$$u(M_0) > \sup_{\partial\Omega} u(x),$$

由于 Ω 为有界的, 故对任意常数 a, 总可以将 ε 取得充分小, 使对函数 $w(x) = u(x) + \varepsilon e^{ax_1}$,
成立
$$u(M_0) > \sup_{\partial\Omega} w(x),$$

从而 $w(x)$ 在 Ω 内部取到非负极大值 (它不一定在点 M_0 取极大). 但另一方面, 由于

$$\sum_{i=1}^n \frac{\partial^2 w}{\partial x_i^2} + \sum_{i=1}^n b_i\frac{\partial w}{\partial x_i} + cw$$

$$= \left(\sum_{i=1}^n \frac{\partial^2 u}{\partial x_i^2} + \sum_{i=1}^n b_i\frac{\partial u}{\partial x_i} + cu\right) + \varepsilon e^{ax_1}(a^2 + ab_1 + c)$$

$$= f + \varepsilon e^{ax_1}(a^2 + ab_1 + c),$$

故若 a 已取得充分大, 使 $a^2 + ab_1 + c > 0$, 则
$$f_1 = f + \varepsilon e^{ax_1}(a^2 + ab_1 + c) > 0,$$

而由例 14.1 的结论知这是不可能的. 因此本例题中所述结论成立. 证毕.

习　　题

1. 写出平面上调和函数 $u(x,y)$ 的平均值公式, 并证明之.

2. 试利用三维波动方程柯西问题的球面平均公式证明三维调和函数的平均值定理.

3. 设 $u \in C^3(\Omega) \cap C^1(\Omega)$, u 在 Ω 中调和, 则 $|\mathbf{grad}\ u|$ 必在边界上取到极值.

4. 如果在例 14.1 与例 14.2 中函数 f 分别满足 $f < 0$ 及 $f \leqslant 0$, 试写出此时的极值原理, 并证明之.

5. 设 $u(x,y,z)$ 在 $x^2 + y^2 + z^2 \leqslant R^2$ 中满足 $\Delta u = f$, 其中 $f \geqslant 0$, 则对于任何的 $r \leqslant R$, 有
$$\frac{1}{r^3}\iiint\limits_{x^2+y^2+z^2\leqslant r^2} u\,\mathrm{d}x\mathrm{d}y\mathrm{d}z \leqslant \frac{1}{R^3}\iiint\limits_{x^2+y^2+z^2\leqslant R^2} u\,\mathrm{d}x\mathrm{d}y\mathrm{d}z.$$

6. 设 $u(x,y,z)$ 在 $x^2 + y^2 + z^2 \leqslant R^2$ 中满足 $\Delta u = 0$, 则对任何的 $r \leqslant R$, 成立
$$\frac{1}{r^3}\iiint\limits_{x^2+y^2+z^2\leqslant r^2} |\mathbf{grad}\ u|^2\,\mathrm{d}x\mathrm{d}y\mathrm{d}z \leqslant \frac{1}{R^3}\iiint\limits_{x^2+y^2+z^2\leqslant R^2} |\mathbf{grad}\ u|^2\,\mathrm{d}x\mathrm{d}y\mathrm{d}z.$$

7. 设 Ω 为 $\mathbf{R}^3$ 中的有界区域, 试证明狄利克雷外问题
$$\begin{cases} \Delta u = 0, \\ u\big|_{\partial\Omega} = f, \\ \lim_{r\to\infty} u = 0 \end{cases}$$

的解唯一,且连续地依赖于 f.

8. 利用例 14.2 中的结论证明方程(14.6)的狄利克雷问题解的唯一性.

9. 设 Ω_1,Ω_2 都是 $\mathbf{R}^n$ 中的区域, $\overline{\Omega}_1\subset\Omega_2$. 对于 $k=1,2$, $u_k(x)$ 满足

$$\begin{cases} \Delta u_k = 0, & x\in\Omega_k, \\ u_k(x) = f_k(x), & x\in\partial\Omega_k, \end{cases}$$

其中 $f_k(x)$ 为 $\overline{\Omega}_k$ 上的连续函数,且对任意 $x_a\in\partial\Omega_1,x_b\in\partial\Omega_2$,有 $f_1(x_a)<f_2(x_b)$. 问当 $x_0\in\Omega_1$ 时, $u_1(x_0)$ 与 $u_2(x_0)$ 哪个大?

10. 设 $u\in C^2(\Omega)\cap C(\overline{\Omega})$, $q\in C(\overline{\Omega})$,而且 $u(x)$ 是方程 $\Delta u(x)+q(x)u(x)=0$ 在 Ω 中的解. 记 $M=\max\limits_{\overline{\Omega}}u(x)$, $m=\max\limits_{\partial\Omega}u(x)$,问在 $q(x)\equiv 0$, $q(x)>0$, $q(x)<0$ 三种不同情形下,是否可有 $M>m$?

11. 证明问题

$$\begin{cases} u_{xx}+u_{yy}=u^3, & x^2+y^2<1, \\ u\big|_{x^2+y^2=1}=0 \end{cases}$$

只有解 $u\equiv 0$.

第十五讲 格林函数法

教　师　在上一讲(14.2)式的基础上可以导出调和方程解的表达式.首先我们将该式写成

$$u(M_0) = -\frac{1}{4\pi}\iint_{\partial\Omega}\left[u(M)\frac{\partial}{\partial\boldsymbol{n}}\left(\frac{1}{r_{M_0M}}\right) - \frac{1}{r_{M_0M}}\frac{\partial u(M)}{\partial\boldsymbol{n}}\right]\mathrm{d}S_M, \quad \forall M_0 \in \Omega, \tag{15.1}$$

则在 Ω 区域中的调和函数就用其边界值与边界上导数值的积分表示.

学生 A　在复变函数论中,一个在复变量 z 的变化区域 ω 中的解析函数 $f(z)$ 必定满足

$$f(z) = \frac{1}{2\pi\mathrm{i}}\int_{\partial\omega}\frac{f(\zeta)}{\zeta - z}\mathrm{d}\zeta, \quad \forall z \in \omega. \tag{15.2}$$

学生 B　(15.2)指出,知道了 $f(z)$ 在边界 $\partial\omega$ 上的值,就立刻可得到 $f(z)$ 在 ω 内部的值.可是从(15.1)来看,似乎对于调和函数来说,需要知道它在边界上函数本身以及函数导数的值,才能得知它在区域内部的值.

教　师　事实上,调和函数在边界上的值与其导数的值是有关联的.函数值给定后,以此函数值为边界值的调和函数实际上已经确定了.故该调和函数在边界上导数值也已相应地被确定下来,只是不容易用一个简单的关系式表达.一个较好的办法是设法将含未知函数导数的那一项消去.如果有一个调和函数 g,它在边界 $\partial\Omega$ 上的取值为 $\dfrac{1}{4\pi r_{M_0M}}$,则我们有

$$\iint_{\partial\Omega}\left(g\frac{\partial u}{\partial\boldsymbol{n}} - u\frac{\partial g}{\partial\boldsymbol{n}}\right)\mathrm{d}S = 0, \tag{15.3}$$

于是,将(15.1)与(15.3)相减,即得

$$u(M_0) = -\iint_{\partial\Omega}u(M)\frac{\partial}{\partial\boldsymbol{n}}\left(\frac{1}{4\pi r_{M_0M}} - g(M,M_0)\right)\mathrm{d}S_M. \tag{15.4}$$

如果 $u(M)$ 在边界上等于给定的函数 $f(M)$,则可得解 u 由边界值 f 作积分的表达式

$$u(M_0) = -\iint_{\partial\Omega}f(M)\frac{\partial}{\partial\boldsymbol{n}}\left(\frac{1}{4\pi r_{M_0M}} - g(M,M_0)\right)\mathrm{d}S_M. \tag{15.5}$$

这就是调和方程狄利克雷问题的解的公式.(15.5)中的函数 $\dfrac{1}{4\pi r} - g$ 是积分核,我们将函数 $G = \dfrac{1}{4\pi r} - g$ 称为格林函数.于是(15.5)的简单形式为

$$u(M_0) = -\iint_{\partial\Omega}f\frac{\partial G}{\partial\boldsymbol{n}}\mathrm{d}S_M. \tag{15.6}$$

学生 A　这个表达式与热传导方程柯西问题解的泊松公式很相似.

学生 B　如果我们不将(15.1)右边的 $\dfrac{\partial u}{\partial\boldsymbol{n}}$ 消去,而将边界上的 u 消去,就可以得到未知函数 u 在

区域内部的值用边界上函数的法向导数的表达式.这样就可以得到调和方程诺伊曼问题解的一般表达式了.

教 师 这样的想法很好,但要注意,如果仿照前面的做法,为了将边界上的 u 消去,利用 (15.1) 就得寻找一个调和函数 g,使它在边界 $\partial\Omega$ 上满足 $\dfrac{\partial g}{\partial \boldsymbol{n}} = \dfrac{\partial}{\partial \boldsymbol{n}}\left(\dfrac{1}{4\pi r}\right)$. 由于在区域 Ω 中的调和函数 v 必须满足 $\displaystyle\iint_{\partial\Omega}\dfrac{\partial v}{\partial \boldsymbol{n}}\mathrm{d}S = 0$(这由 $\Delta v = 0$ 在 Ω 中积分即可得到),而当 $M_0 \in \Omega$ 时, $\displaystyle\iint_{\partial\Omega}\dfrac{\partial}{\partial \boldsymbol{n}}\left(\dfrac{1}{r_{M_0M}}\right)\mathrm{d}S = 0$ 一般是不成立的.所以你所希望的调和函数 g 并不存在.但如果取 $g(M,M_0)$ 是问题

$$\begin{cases} \Delta g = \displaystyle\iint_{\partial\Omega}\dfrac{\partial}{\partial \boldsymbol{n}}\dfrac{1}{4\pi r_{M_0M}}\mathrm{d}S_M, \\[2mm] \dfrac{\partial g}{\partial \boldsymbol{n}}\bigg|_{\partial\Omega} = \dfrac{\partial}{\partial \boldsymbol{n}}\dfrac{1}{4\pi r_{M_0M}} \end{cases}$$

的解,则可以得到用格林函数方法解诺伊曼问题的一般表达式.更详细的运算给你们做习题吧.

学生 C 格林函数的变元怎么有 M,M_0 两个?

教 师 格林函数具有与 $\dfrac{1}{r_{M_0M}}$ 同阶的奇性, $G(M,M_0)$ 表示以 M 为变量,但在 M_0 处有奇性的函数,它与 $G(M_0,M)$ 的意义不同.

学生 C 书上说 $G(M,M_0) = G(M_0,M)$.

教 师 这是格林函数的一个重要性质——对称性.如果考察由静电荷引起的电位场,可将格林函数理解为在区域边界电位为零的条件下由点电荷感应的电位,则 $G(M,M_0) = G(M_0,M)$ 表示:由 M_0 处的点电荷在 M 处感应出的电位与由 M 处的点电荷在 M_0 处感应出的电位相等.这样的结论不是平凡的,它也需要证明.

学生 A 证明的要点也是将区域 Ω 挖去 M_0, M 两点的邻域,再进行积分吧?

教 师 是的,凡涉及含奇点的函数的积分,往往采用这种挖去奇点邻域积分、再令挖去区域无穷缩小的方法.具体怎么演算,需自己练习.

学生 B 表达式(15.6)中的格林函数 $G(M,M_0)$ 也要通过解调和方程的边值问题得到,它与解边值问题

$$\begin{cases} \Delta u = 0, \\ u\big|_{\partial\Omega} = f, \end{cases} \tag{15.7}$$

有什么不同?

教 师 如果区域 Ω 是具有一定对称性的区域,则格林函数可以利用静电源象法导出.如果区域是一般区域, $G(M,M_0)$ 或 $g(M,M_0)$ 不容易求出.即使如此,我们一旦求得了格林函

数,调和方程取其他狄利克雷边界条件的边值问题的解也都可用积分表出了.

学生 C 哪些对称性区域?

教　师 球(在二维情形是圆)、平面或由它们所构成的区域,例如半球、角状区域等.

学生 A 这种区域好像不多,故格林函数法是否效能不高?

教　师 不能这样说.偏微分方程的解能用积分表示的情形不多,能有解的表示式是不容易的.获得格林函数只是求了一次解,有了这个解后,取别的边界条件的狄利克雷问题的解都可用有限积分形式表示了.此外,我们以后还可以利用调和方程在特殊区域上解的表示式得到解的许多定性性质,所以格林函数方法是偏微分方程理论中很重要的方法.

学生 A 我们注意到利用公式(15.6)可以得到球或圆上调和函数的泊松公式.

学生 C 又是泊松公式?我记得对波动方程与热传导方程已有泊松公式.

教　师 是的.三维波动方程柯西问题的求解、热传导方程柯西问题的求解、球上(或圆上)调和方程狄利克雷方程的求解是完全不同的问题,所用的方法也完全不同,但都称为泊松公式.泊松是个了不起的数学家.

例 15.1 考察第三边值问题

$$\begin{cases} \Delta u = 0, \\ \dfrac{\partial u}{\partial \boldsymbol{n}} + \sigma u \big|_{\partial\Omega} = f, \end{cases} \tag{15.8}$$

其中 $\sigma > 0$ 与 f 是在边界 $\partial\Omega$ 上定义的连续函数.给出类似于(15.6)的用格林公式表示的求解公式.

解 对于第三边值问题(15.8)的求解,不需要对边界资料 f 添加附加条件.我们先将(15.1)改写为

$$u(M_0) = -\frac{1}{4\pi}\iint_\Omega \left[u(M)\left(\frac{\partial}{\partial \boldsymbol{n}}\left(\frac{1}{r_{M_0M}}\right) + \frac{\sigma(M)}{r_{M_0M}}\right) - \frac{1}{r_{M_0M}}\left(\frac{\partial u(M)}{\partial \boldsymbol{n}} + \sigma(M)u(M)\right)\right] \mathrm{d}S_M, \quad \forall M_0 \in \partial\Omega. \tag{15.9}$$

今作 Ω 中的调和函数 g,使它满足边界条件

$$\left(\frac{\partial}{\partial \boldsymbol{n}} + \sigma(M)\right)g(M,M_0) = \left(\frac{\partial}{\partial \boldsymbol{n}} + \sigma(M)\right)\frac{1}{4\pi r_{M_0M}},$$

则由(15.3),(15.9)知

$$u(M_0) = \iint_\Omega \left(\frac{1}{4\pi r_{M_0M}} - g(M,M_0)\right)\left(\frac{\partial u(M)}{\partial \boldsymbol{n}} + \sigma(M)u(M)\right)\mathrm{d}S_M.$$

从而令 $G(M,M_0) = \dfrac{1}{4\pi r_{M_0M}} - g(M,M_0)$,即有

$$u(M_0) = \iint_\Omega G(M,M_0)f(M)\mathrm{d}S_M. \tag{15.10}$$

它就是调和方程第三边值问题的解用格林函数的表示.式(15.10)中的函数 G 称为调和方程第三边值问题的格林函数.

例 15.2 设 Ω 为 $\frac{1}{4}$ 空间 $-\infty < x < \infty, 0 < y < \infty, 0 < z < \infty$,试对 $M_0(x_0,y_0,z_0) \in \Omega$,求出格林函数 $G(M,M_0)$ 的表示式.

解 在点 M_0 设置一单位正点电荷,它所产生的电位是 $\frac{1}{4\pi r_{MM_0}}$.记 M_0 关于平面 $y=0$、平面 $z=0$ 以及 Ox 轴的对称点为 $M_1(x_0,-y_0,z_0)$、$M_2(x_0,y_0,-z_0)$ 以及 $M_3(x_0,-y_0,-z_0)$,若在 M_1,M_2 处设置单位负电荷,在 M_3 处设置单位正电荷,那么这些电荷所产生的总电位是

$$\frac{1}{4\pi}\left(\frac{1}{[(x-x_0)^2 + (y-y_0)^2 + (z-z_0)^2]^{\frac{1}{2}}} - \right.$$
$$\frac{1}{[(x-x_0)^2 + (y+y_0)^2 + (z-z_0)^2]^{\frac{1}{2}}} - $$
$$\frac{1}{[(x-x_0)^2 + (y-y_0)^2 + (z+z_0)^2]^{\frac{1}{2}}} + $$
$$\left. \frac{1}{[(x-x_0)^2 + (y+y_0)^2 + (z+z_0)^2]^{\frac{1}{2}}} \right),$$

它在平面 $y=0$ 与平面 $z=0$ 上均为零.这个函数就是我们要求的格林函数.

例 15.3 利用泊松公式求

$$\begin{cases} u_{xx} + u_{yy} + u_{zz} = 0, & (15.11) \\ u(R,\theta,\varphi)|_{R=1} = A + B\cos 2\theta & (15.12) \end{cases}$$

的解.

解 记(15.12)式右端函数为 $f(\theta)$,则

$$u(R_0,\theta_0,\varphi_0) = \frac{1}{4\pi}\int_0^{2\pi}\int_0^{\pi} \frac{(1-R_0^2)f(\theta)}{(1+R_0^2-2R_0\cos\gamma)^{3/2}}\sin\theta \mathrm{d}\theta \mathrm{d}\varphi, \qquad (15.13)$$

其中 $\cos\gamma = \cos\theta\cos\theta_0 + \sin\theta\sin\theta_0\cos(\varphi-\varphi_0)$.由于被积函数是 φ 的、以 2π 为周期的周期函数,故只需计算 $\varphi_0 = 0$ 的值,即考虑点 M_0 落在 xz 平面上的情形.

将 y 轴固定,旋转 x 轴与 z 轴,使 z' 轴通过点 M_0(见图 15.1),现在新坐标系 $Ox'yz'$(相应的极坐标为 R,θ',φ')下计算积分.由于

$$OM = (\sin\theta'\cos\varphi', \sin\theta'\sin\varphi', \cos\theta'),$$
$$OM_0 = (0,0,1),$$

原 z 轴的单位向量为 $\boldsymbol{k} = (\sin\theta_0, 0, \cos\theta_0)$,于是

$$\cos\theta = \overrightarrow{OM} \cdot \boldsymbol{k} = \sin\theta_0\sin\theta'\cos\varphi' + \cos\theta'\cos\theta_0.$$

又由于单位球面的面积元素为 $\sin\theta \mathrm{d}\theta \mathrm{d}\varphi = \sin\theta'\mathrm{d}\theta'\mathrm{d}\varphi'$,从而得

$$u(R_0,\theta_0,0) = \frac{1}{4\pi}\int_0^{\pi} \frac{(1-R_0^2)I(\theta')}{(1+R_0^2-2R_0\cos\theta')^{\frac{3}{2}}}\sin\theta'\mathrm{d}\theta',$$

$$(15.14)$$

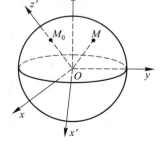

图 15.1

其中
$$I(\theta') = \int_0^{2\pi} f(\theta)\, \mathrm{d}\varphi' = \int_0^{2\pi} \big[\, (A-B) + 2B\cos^2\theta \,\big]\, \mathrm{d}\varphi'$$

$$= \int_0^{2\pi} \big[\, (A-B) + 2B(\sin\theta_0 \sin\theta'\cos\varphi' + \cos\theta'\cos\theta_0)^2 \,\big]\, \mathrm{d}\varphi'$$

$$= 2\pi\big[\, A - B\cos^2\theta_0 + B(3\cos^2\theta_0 - 1)\cos^2\theta' \,\big].$$

将 $I(\theta')$ 的表达式代入(15.14),并引入变量代换得

$$u(R_0,\theta_0,0) = \frac{1}{2}\int_{-1}^{1} \frac{(1-R_0^2)\big[\,(A-B\cos^2\theta_0 + B(3\cos^2\theta_0-1)x^2\,\big]}{(1+R_0^2-2R_0 x)^{\frac{3}{2}}}\mathrm{d}x.$$

经积分计算可知
$$\frac{1}{2}\int_{-1}^{1}\frac{(1-R_0^2)\,\mathrm{d}x}{(1+R_0^2-2R_0 x)^{\frac{3}{2}}} = 1,$$

$$\frac{1}{2}\int_{-1}^{1}\frac{(1-R_0^2)x^2\,\mathrm{d}x}{(1+R_0^2-2R_0 x)^{\frac{3}{2}}} = \frac{1+2R_0^2}{3}.$$

最后得
$$u(R_0,\theta_0,\varphi_0) = u(R_0,\theta_0,0)$$

$$= A - B\cos^2\theta_0 + \frac{B}{3}(1+2R_0^2)(3\cos^2\theta_0 - 1)$$

$$= 2BR_0^2\cos^2\theta_0 - \frac{2}{3}BR_0^2 - \frac{B}{3} + A.$$

习　题

1. 求矩形区域 $0 < x < a$, $0 < y < b$ 上调和方程满足边界条件:
$$u(x,0) = u(x,b) = 0,$$
$$u(0,y) = 0,$$
$$u(a,y) = \begin{cases} y, & 0 \leqslant y < \dfrac{b}{2}, \\ b-y, & \dfrac{b}{2} \leqslant y \leqslant b \end{cases}$$
的解.

2. 在上述矩形区域中求调和方程满足边界条件:
$$u(0,y) = 0, \qquad u(a,y) = f(y),$$
$$u(x,0) = h(x), \quad u(x,b) = 0$$
的解,其中 $h(0) = 0$, $h(a) = f(0)$, $f(b) = 0$.

3. 在上述矩形区域中求调和方程满足边界条件:
$$u_x(0,y) = 0, \quad u(a,y) = f(y),$$
$$u(x,0) = 0, \quad u(x,b) = 0$$
的解.

4. 在半无限长带形区域 $y > 0$, $0 < x < a$ 中求调和方程的有界解,它满足条件:
$$u(0,y) = 0, \quad u(a,y) = 0, \quad y > 0,$$
$$u(x,0) = f(x), \quad 0 \leqslant x \leqslant a,$$

其中 $f(0) = f(a) = 0$.

5. 求在单位圆周外部区域的调和函数,它在 $r=1$ 处满足边界条件 $u(1,\theta) = f(\theta)$,且在无穷远处有界.

6. 设 $f(\theta)$ 满足 $\int_0^{2\pi} f(\theta)\mathrm{d}\theta = 0$,试在半径为 b 的圆内寻求调和方程的解,使它满足边界条件:
$$u_r(b,\theta) = f(\theta), \quad 0 \leqslant \theta < 2\pi.$$

7. 求在扇形区域 $0 < r < a$, $0 < \theta < \alpha$ 中调和方程的有界解,它满足:
$$u(r,0) = 0, \quad u(r,\alpha) = 0, \quad 0 < r < a,$$
$$u(a,\theta) = f(\theta), \quad 0 \leqslant \theta \leqslant \alpha.$$

8. 在半环区域中解定解问题:$\begin{cases} \Delta u = 0, & 1 < r < 2, \ 0 < \theta < \pi, \\ u(1,\theta) = \sin\theta, & u(2,\theta) = 0, \\ u(r,0) = u(r,\pi) = 0. \end{cases}$

9. 求下面第三边值问题的解:$\begin{cases} \Delta u = 0, & 0 \leqslant r < R, \ 0 < \theta < 2\pi, \\ u_r(R,\theta) + hu(R,\theta) = f(\theta) & (h \text{ 是常数}). \end{cases}$

10. 解半圆盘区域上的边值问题:$\begin{cases} \Delta u = 0, & 0 \leqslant r < R, \ 0 < \theta < \pi, \\ u_r(R,\theta) = \theta, & 0 \leqslant \theta \leqslant \pi, \\ u(r,0) = 0, & u(r,\pi) = 0. \end{cases}$

11. 解下面的诺伊曼问题:$\begin{cases} \Delta u = 0, & 0 < x < \pi, \ 0 < y < \pi, \\ u_x(0,y) = y - \dfrac{\pi}{2}, & u_x = 0, \\ u_y(x,0) = 0, & u_y(x,\pi) = 0. \end{cases}$

12. 证明:$\dfrac{1}{2\pi}\int_0^{2\pi} \dfrac{1-r^2}{1+r^2-2r\cos(\theta-\varphi)}\mathrm{d}\varphi = 1$,

13. 求解狄利克雷问题:$\begin{cases} \Delta u = x^2 y, & x^2 + y^2 < a^2, \\ u = 0, & x^2 + y^2 = a^2. \end{cases}$

14. 求解环形区域 $a^2 < x^2 + y^2 < b^2$ 上的泊松方程的边值问题:
$$\begin{cases} \Delta u = x^2 + y^2 - 1, \\ u|_{x^2+y^2=a^2} = u|_{x^2+y^2=b^2} = 0. \end{cases}$$

15. 求解边值问题:$\begin{cases} u_{xx} + u_{yy} = 2, & x^2 + y^2 < 1, \\ u|_{x^2+y^2=1} = x. \end{cases}$

16. 求下面边值问题的有界解:
$$\begin{cases} u_{xx} + u_{yy} = 0, & 0 < x < 1, \ 0 < y < +\infty, \\ u|_{x=0} = u|_{x=1} = 0, & u|_{y=0} = x(1-x). \end{cases}$$

17. 求解边值问题:
$$\begin{cases} u_{xx} + u_{yy} = 12(x^2 - y^2), & a^2 \leqslant x^2 + y^2 \leqslant b^2, \quad a,b \text{ 为正常数}, \\ u|_{x^2+y^2=a^2} = 0, & \dfrac{\partial u}{\partial \boldsymbol{n}}\Big|_{x^2+y^2=b^2} = 0. \end{cases}$$

18. 求解边值问题:$\begin{cases} \Delta u = 0, & 1 < r < 2, \\ u|_{r=1} = 1 + \cos^2\theta, & u|_{r=2} = \sin^2\theta. \end{cases}$

19．求 $\mathbf{R}^2$ 中调和方程在两平行线间的格林函数．

20．利用半空间 $\mathbf{R}_+^3$ 的格林函数导出半空间中调和方程狄利克雷问题有界解的公式．

21．求半圆区域上狄利克雷问题的格林函数．

22．试用格林函数法导出调和方程第二边值问题解的积分表示式．

23．试求在第一象限内的调和函数，它在 $y=0$ 上取值为零，在 $x=0$ 上取值为 $\sin y$．

24．试用格林函数法导出圆上狄利克雷问题的泊松公式．

25．用格林函数法求调和方程在第一象限内满足边界条件

$$u(0,y)=f(y)，\qquad \frac{\partial u}{\partial x}(x,0)=g(x)$$

的解．

26．证明在本讲中引入的格林函数 $G(M,M_0)$ 当 $M\to M_0$ 时趋于无穷大，且与 $\dfrac{1}{r_{MM_0}}$ 同阶．

27．证明上述格林函数 $G(M,M_0)$ 关于自变量 M 及参变量 M_0 具有对称性，即 $G(M,M_0)=G(M_0,M)$．

28．证明上述格林函数满足：

$$\iint\limits_{\partial\Omega}\frac{\partial G(M,M_0)}{\partial n}\mathrm{d}S_M=-1.$$

第十六讲　调和函数的性质

教　师　本讲中我们继续介绍调和函数的优美性质.

学生 A　以前已说过调和函数满足平均值原理,是它的一个优美性质.

教　师　是的.从这个性质出发,可推出泊松公式,由此又可演绎出许多进一步的性质.这些性质一般对复变函数的解析函数都有(而且往往更强).例如:

调和函数都是无穷次可求导的,而且在每一点邻域是解析的.

调和函数在任意的内闭区域中都是有界的.

如果调和函数在区域边界上有界,则在任意一个内闭区域上的界不超过一个小于 1 的常数乘以边界上的界.

调和函数在任意的内闭区域中导数都是有界的.在内闭区域中导数的界可以用原区域边界上函数值的界表示.

调和函数在边界上的一致收敛可导出区域内部的一致收敛.

正调和函数在一点的收敛可导出区域内部的收敛.

正调和函数的最小值可控制其最大值.

全空间的有界调和函数必为常数.

等等.

这些性质中有很多性质是从调和函数局部的性质可推断其整体的性质.

学生 B　利用单位分解定理,就可由每个局部的性质综合得到整体的性质.

教　师　这里所说的从局部的性质可推断整体的性质与你所说的事实的意义不同.我们并不是在知道了"每一点"临近的性质再做进一步的论断,而是说,如果我们仅知道一点邻域中的性质,则整个区域中的性质也相应地得到.一般来说,函数的连续性、可求导数等性质都是局部的性质.函数在一点的连续性、可求导数的性质与它在另一点的连续性、可求导数没有什么必然联系.所以,若一点邻域中的性质可以推断出其他点的性质,乃至整个区域中的性质是很难得的,它说明了该函数内部有一种紧密的结构上的联系.

学生 C　真有意思,从调和函数满足的一个泊松公式可演绎出这么多的性质.

教　师　数学就是这样.在欧几里得几何中仅从几条公理演绎出了多么生动的几何学!

学生 A　泊松公式也可以视为球(二维情况为圆)内调和函数每点的值是边界值的带权平均值.当边界为球面,而所考察的点恰为球心时,权对每一点都是相同的.更明确地说,将泊松公式写成

$$u(M_0) = \int_{\partial\Omega} G(M, M_0) f(M) \, \mathrm{d}S_M, \tag{16.1}$$

其中的格林函数 $G(M,M_0)$ 就是权. 当 M_0 取成球心时, $G(M,M_0)$ 就等于球面积的倒数.

教　师 由(16.1), 函数 $u(M_0)$ 关于 M_0 的导数可写成

$$(\partial^\alpha u)(M_0) = \int_{\partial\Omega} \partial^\alpha_{M_0} G(M,M_0) f(M) \mathrm{d}S_M,$$

于是, 由格林函数在 $M \neq M_0$ 时的正则性即可知在任意的内闭区域 ω 中, $u(M_0)$ 的各阶导数可用函数值估计:

$$\max_\omega |\partial^\alpha u| \leqslant \int_{\partial\Omega} \max_{M_0 \in \partial\Omega, M \in \partial\Omega} |\partial^\alpha_{M_0} G(M,M_0)| f(M) \mathrm{d}S_M.$$

由于对任意区域 Ω 中定义的直到边界连续的调和函数, 都成立形为(16.1)的格林公式. 故调和函数在内闭区域中的导数都可以用其函数值估计.

学生 B 用区域上的函数最小值来控制其最大值是调和函数的特有性质吧!

教　师 这是正调和函数特有的性质. 仍由球 B 上调和函数满足的等式(16.1)出发, 对于球内任意一点, 作为权的格林函数 $G(M,M_0)$ 总是正的, 于是它在该球的任意一个闭集上有正的下界, 此外它在 $|MM_0| > \varepsilon$ 时有上界 $O\left(\dfrac{1}{\varepsilon}\right)$. 这两个性质, 就使正调和函数有了能用其最小值估计最大值的特殊性质. 事实上, 对球 B 的任意闭集 ω, 必有

$$\max_{M_0 \in \omega, M \in \partial B} G(M,M_0) \leqslant C \min_{M_0 \in \omega, M \in \partial B} G(M,M_0). \tag{16.2}$$

由(16.1), (16.2)即可得 ω 中

$$\max_\omega u \leqslant C \min_\omega u \tag{16.3}$$

成立.

学生 B 关于调和函数收敛的哈纳克定理也很有意思. 因为调和函数是用一个偏微分方程来定义的. 从而哈纳克定理就相当于求导数运算与极限的交换, 我们知道, 这种交换在数学分析中一般是不允许的.

教　师 如果注意到一个连续函数为调和函数的充分必要条件是它对任意一个含在定义域中的球满足平均值定理, 可以用积分形式来定义调和函数. 这样, 哈纳克定理所表示的结论就相当于积分运算与极限的交换. 该定理正是这样来证明的.

学生 C 关于可去奇点定理我有个问题, 在一个区域中定义的函数, 仅有一点不满足调和方程, 该点去掉不去掉有什么不同?

教　师 在一点有奇点与在全区域内调和是很不一样的. 以单位球为例, 你可比较 $u = 1$ 与 $u = \dfrac{1}{r}$ 这两个函数. 它们在原点外都是调和函数, 但 $u = 1$ 在原点连续且调和, 而 $u = \dfrac{1}{r}$ 就在原点趋于无穷. 调和函数的可去奇点定理就表示, 如果调和函数在原点附近的奇性低于基本解所具有的奇性阶(在三维时为 $\dfrac{1}{r}$, 在二维时为 $\log r$), 则只要通过重新定义该点的函数值这一奇点就不出现了. 反之, 调和函数如果有不可去掉的奇点, 那么在该奇点附近的奇性必不低于基本解的奇性.

学生 A　能否再梳理一下可去奇点定理的证明过程?

教　师　这个定理的证明方法也是很典型的. 设 $u(x_1,x_2,x_3)$ 是在 Ω 中的调和函数,它在 $0\in\Omega$ 可能有奇性. 作一个球心在 0 点且完全含在 Ω 中的球 B,其半径为 a,我们利用 u 在 ∂B 上的值作一个在 B 内的调和函数 $v(x_1,x_2,x_3)$,如果证明了在 $B\backslash 0$ 上 u 和 v 恒同,则 u 的奇点就是可去的. 为此又只需证明:在边界上恒等于零,在内部和原点可能有奇性的调和函数 $w=u-v$,如在原点可能出现的奇性低于 $\dfrac{1}{r}$,则该函数必为零.

为了证明 $w\equiv 0$,我们用一个含参数的调和函数 $\dfrac{\alpha}{r}$ 去压住它. 具体地说,对任意一点 $P\in B$,任意的小参数 α,由 w 在原点处的奇性低于 $\dfrac{1}{r}$ 的假定条件知,在 r_0 充分接近于零时,$\dfrac{\alpha}{r}$ 在 $r=r_0$ 上的值必能压住 w. 从而由调和函数的极值原理知,函数 $\dfrac{\alpha}{r}$ 在 $r_0\leqslant r\leqslant a$ 上全面地压住了 w,即

$$|w(x)|\leqslant\frac{\alpha}{r},\quad r_0\leqslant r\leqslant a. \tag{16.4}$$

这样,在 P 点有 (16.4) 成立. 由 α 的任意性知 $w(P)=0$. 再由 P 的任意性知 w 恒为零.

我在上面将 [1] 中关于可去奇点定理的证明复述了一遍,为的是强调引入含参数的一族函数(在上例中是 $\dfrac{\alpha}{r}$)控制所考察函数(在上例中是 $w(x)$)的方法. 这里极值原理成立是这种方法得以有效应用的关键. 你们记得吗? 我们在证明热传导方程柯西问题解的唯一性与稳定性时也用过这一方法.

学生 B　啊! 将两个证明合在一起比较一下,理解更深了.

教　师　这种技巧以后还会用到.

　　例 16.1　设 u 为有界区域 Ω 外的调和函数,u 在无穷远处趋于零,则当 $|x|\to\infty$ 时,$u=O\left(\dfrac{1}{|x|}\right)$.

　　证明　不妨设 Ω 包含原点. 作反演变换

$$\tilde{x}_i=\frac{x_i}{|x|^2}, \tag{16.5}$$

相应地,对函数 u 作开尔文变换 $u\to\tilde{u}$

$$\tilde{u}(\tilde{x}_1,\tilde{x}_2,\tilde{x}_3)=\frac{1}{|\tilde{x}|}u(x_1,x_2,x_3). \tag{16.6}$$

将 Ω 在反演变换 (16.5) 下的像记为 $\tilde{\Omega}$,则变换 (16.6) 给出了一个在 $\tilde{\Omega}\backslash 0$ 上定义的函数 $\tilde{u}$. 显然原点 O 为 $\tilde{u}$ 的孤立奇点. 由于当 $|x|\to\infty$ 时,$u\to 0$,所以由 (16.6) 式可知 $\tilde{u}=o\left(\dfrac{1}{|\tilde{x}|}\right)$. 于是利用可

去奇点定理([1]中第 3 章定理 3.4)可知,原点是 $\tilde{u}$ 的可去奇点.由此知 $\tilde{u}$ 在原点的邻域中有界.利用这一事实,我们就可以将(16.6)式写成

$$u(x_1,x_2,x_3) = \frac{1}{|x|}\tilde{u}(\tilde{x}_1,\tilde{x}_2,\tilde{x}_3),$$

其中 $\tilde{u}$ 有界.故当 $|x|\to\infty$ 时,$u = O\left(\dfrac{1}{|x|}\right)$.证毕.

例 16.2　设定义于区域 Ω 中的函数 u 在光滑曲面 S 的两侧是调和函数,在 S 上函数本身及其一阶导数连续,则 u 在整个区域 Ω 中调和.

证明　设 S 将区域 Ω 分成 Ω_1,Ω_2 两部分,Γ 是 Ω 内一任意闭曲面.当 Γ 完全落在 Ω_1 或 Ω_2 内时,对 Γ 内任一点 M_0,有

$$u(M_0) = -\frac{1}{4\pi}\iint\limits_{\Gamma}\left[u(M)\frac{\partial}{\partial \boldsymbol{n}}\left(\frac{1}{r_{M_0 M}}\right) - \frac{1}{r_{M_0 M}}\frac{\partial u}{\partial \boldsymbol{n}}\right]\mathrm{d}S_M. \tag{16.7}$$

如果 Γ 有一部分落在 Ω_1 内,一部分落在 Ω_2 内,记在 Ω_1 内的一部分为 Γ_1,在 Ω_2 内的一部分为 Γ_2,且在 Γ 所围的区域中,属于曲面 S 的那部分记为 S',则当 $M_0\in\Omega_1$ 时,有

$$u(M_0) = -\frac{1}{4\pi}\iint\limits_{\Gamma_1 + S'}\left[u(M)\frac{\partial}{\partial \boldsymbol{n}}\left(\frac{1}{r_{M_0 M}}\right) - \frac{1}{r_{M_0 M}}\frac{\partial u}{\partial \boldsymbol{n}}\right]\mathrm{d}S_M, \tag{16.8}$$

$$0 = -\frac{1}{4\pi}\iint\limits_{\Gamma_2 + S'}\left[u(M)\frac{\partial}{\partial \boldsymbol{n}}\left(\frac{1}{r_{M_0 M}}\right) - \frac{1}{r_{M_0 M}}\frac{\partial u}{\partial \boldsymbol{n}}\right]\mathrm{d}S_M. \tag{16.9}$$

注意到 u 在 S 上是连续的,它的一阶导数也是连续的,但在 S' 作为 Ω_1 的边界与 S' 作为 Ω_2 的边界这两种情况下外法向相反,所以(16.8)式中的 $\iint\limits_{S'}$ 与(16.9)式中的 $\iint\limits_{S'}$ 绝对值相等,符号相反.将此两式相加,就得知当 $M_0\in\Omega_1$ 时,(16.7)式也成立.同理,当 $M_0\in\Omega_2$ 时,(16.7)式也成立.最后由 u 在 S 上的连续性可知,当 $M_0\in S$ 时,(16.7)式仍成立.因为将(16.7)式中的 Γ 取为以 M_0 为中心的球面,可立刻得到平均值公式,而在定义域 Ω 中任意一个球面上都满足平均值公式的连续函数必为调和函数.证毕.

习　　题

1. 证明如下的命题:如果一个调和函数在全空间中下有界(或上有界),则其必为常数.

2. 设 u 为 $\mathbf{R}^3$ 中单位圆上的非负调和函数,试证明它在单位圆内成立估计式

$$\frac{1-|x|}{1+|x|}u(0) \leqslant u(x) \leqslant \frac{1+|x|}{1-|x|}u(0).$$

3. 设 $\{u_x(x,y,z)\}$ 是区域 Ω 内的调和函数列,并对 Ω 内任意点,与任意指标 k,都有 $|u_k(x,y,z)|\leqslant M$,则对 Ω 的任一闭子区域 Ω_1,必存在另一常数 M_1,使 $|\nabla u_k|\leqslant M_1$.

4. 设 $\{u_k(x,y,z)\}$ 是区域 Ω 内的非负调和函数列,对 $P_0\in\Omega$ 及一切 k,有 $u_k(P_0)\leqslant M$.则对 Ω 内任一闭子区域 Ω_1,存在一个在 Ω_1 上一致收敛的子序列 $\{u_{k_l}\}$.

5. 证明二维调和函数的可去奇点定理:若 P_0 是调和函数的孤立奇点,则在 P_0 近旁成立

$$u(P) = o\left(\log\frac{1}{r_{PP_0}}\right)$$

6. 如果三维调和函数 $u(P)$ 在奇点 P_0 附近能表示成 $v(P) \cdot \overline{PP_0}^{\alpha}$ 的形式,其中 $-1 \leqslant \alpha < 0$, $v(P)$ 为连续函数,$v(P_0) \neq 0$,则 α 必须等于 -1.

7. 设 B 是 $\mathbf{R}^3$ 中的球 $x^2 + y^2 + z^2 < R^2$. B_+ 表示半球 $B \cap \{z > 0\}$,设调和函数 $u \in C^2(B_+) \cap$ $C^0(\bar{B}_+)$,u 在 $z = 0$ 上为零. 则可以将 u 延拓为整个 B 中的调和函数.

8. 设 $u(x,y,z)$ 是 Ω 内的调和函数,在 Ω 上连续. 又设 Ω 有部分边界是球面的一部分,而 u 在这一部分边界上取常值,则 u 必定能越过这块球面延拓到 Ω 外.

9. 利用延拓的方法求解调和方程在半圆区域上的狄利克雷问题:
$$\begin{cases} \Delta u = 0, & x^2 + y^2 < 1, \ y > 0, \\ u|_{x^2+y^2=1, y>0} = \theta(\pi - \theta), & u(x,0) = 0, \end{cases}$$
其中 $\theta = \arctan \dfrac{y}{x}$.

10. 若 u 是一个在全平面上不恒等于零的调和函数,则积分 $\displaystyle\int_{-\infty}^{\infty} \int_{-\infty}^{\infty} u^2(x,y) \,\mathrm{d}x\mathrm{d}y$ 必发散.

11. 试证明:不存在一个函数,它在 $x^2 + y^2 \leqslant 1$ 上连续,在原点取值 1,在 $x^2 + y^2 = 1$ 上取值 0,且在 $0 < x^2 + y^2 < 1$ 中调和.

12. 设 u 是 $\Omega < \mathbf{R}^3$ 上的非负调和函数,证明:对任一点 $M_0 \in \Omega$,成立
$$\left| \frac{\partial u}{\partial x_i}(M_0) \right| \leqslant \frac{3}{R} u(M_0),$$
其中 $R = \mathrm{dist}(M_0, \partial\Omega)$.

13. 设 B_+ 为 $\mathbf{R}^3$ 中的半单位球,$u \in C^2(\bar{B}_+)$,在 B_+ 内调和,且成立 $u|_{z=0} = \left.\dfrac{\partial u}{\partial z}\right|_{z=0} = 0$,则在 B_+ 中 $u \equiv 0$.

14. 设 $u(x,y)$ 是在半平面 $\Sigma = \{y > 0\}$ 中的调和函数,$u \in C^0(\overline{\Sigma})$,且满足
$$|u(x,y)| \leqslant M, \quad -\infty < x < \infty, \ 0 < y < \infty,$$
$$u|_{y=0} = 0, \quad -\infty < x < \infty.$$
试证明 $u \equiv 0$.

15. 问在三维空间的单位球中是否存在正调和函数 u,使得
$$u(0,0,0) = 1, \quad u\left(0,0,\frac{1}{2}\right) = 10.$$

第十七讲　强极值原理

教　师　再来讨论调和方程的一个不平凡的极值原理.

学生 A　我们以前已经遇到过调和函数的极值原理,它说调和函数的极大与极小值必定在区域边界上取到.

学生 B　而且一旦调和函数的极大或极小值在内部取到,这个函数就必定为常数.

教　师　现在要介绍的极值原理给出了更进一步的结论.它指出,非常数的调和函数在其边界上取极小值的点的内法向导数必定为正.这个极值原理称为强极值原理,在国外的文献中一般称为霍普夫(Hopf)极值原理.

学生 C　若调和函数在边界某一点取到极小值,则在该点邻域中的点,其函数值均大于该值.于是其内法向导数就非负.它与内法向导数为正的结论就相差不多了.

教　师　在这里,"大于"和"大于等于"相差很大.因为极值原理常会被应用于反证法,这时,有无等号就会反映为是否会出现矛盾,从而导致反证法的证明过程是否行得通.

学生 A　我看了强极值原理的证明好几遍,总感到不容易掌握.

教　师　我讲授过该定理的证明多次,也感到它是数学物理方程课程中不容易讲透的定理之一.现在让我们一起来回顾一下该定理的证明要点.设调和函数 u 在边界的某点取极小值,以 $\boldsymbol{\nu}$ 记内法向,定理证明的关键是从 $\dfrac{\partial u}{\partial \nu} \geqslant 0$ 出发导出 $\dfrac{\partial u}{\partial \nu} > 0$.

学生 B　首先,我们将问题做一些简化.例如区域就取成以原点为心的单位球,所考察的调和函数在 $(1,0,\cdots,0)$ 点取极小值 0,要证明的事实就是 $\dfrac{\partial u}{\partial r} < 0$.

教　师　好,与证明热传导方程的极值原理时所做的相仿,我们要找一个正的函数 $w(x_1,\cdots,x_n)$,使其图像能垫在水平坐标平面与 $u(x_1,\cdots,x_n)$ 的图像之间,且 $\dfrac{\partial w}{\partial r} < 0$.这样就立刻能得到 $\dfrac{\partial u}{\partial r} < 0$.

学生 C　问题是这样的函数 $w(x_1,\cdots,x_n)$ 怎么找?

教　师　我们先来看看对 w 的要求.$w(1,0,\cdots,0) = 0$ 是必需的,也是容易做到的.为了能将 w 的图像垫在 u 的图像下面,w 可以取成 εv 的形式.而为保证 ε 充分小时确实有 $\varepsilon v \leqslant u$,我们要用极值原理.这时,$u$ 为调和函数的事实也将起实质性的作用.
如能具体将 v 写出来,则证明就完成了.v 的选取当然有相当大的随意性,但我们总希望其形式尽可能地简单,例如它仅为 r 的函数,且在 $r=1$ 时 $v=0$.

怎么保证 $\varepsilon v \leqslant u$ 呢?在单位球的边界显然已有 $\varepsilon v \leqslant u$.若在球内部成立 $\Delta v>0$,则可由比较原理(它由极值原理导出)得知 $\varepsilon v \leqslant u$ 在整个球内成立,从而一切就绪.

学生 A 这可以理解.事实上,在 $\Delta v>0$ 时,必有 $\Delta(u-\varepsilon v)<0$,这样 $u-\varepsilon v$ 不可能在区域内点取极小值.那么边界上的 $u-\varepsilon v \geqslant 0$ 就可推得 $u-\varepsilon v \geqslant 0$ 在内部也恒成立.但要求 $\Delta v>0$ 在整个单位球内部都成立可能吗?

教　师 很遗憾,在同时要求 v 为非负函数时,$\Delta v>0$ 是不可能在整个球内成立的.因为在整个球 B_1 上定义的 v,若在 ∂B_1 上为 0,则 v 在 B_1 内必有极大值点.而在该极大值点又有 $\Delta v \leqslant 0$,它与 $\Delta v>0$ 矛盾.

学生 C 那么上述的证明就行不通了?

教　师 我们再对证明步骤做一些修改.令 $B_{\frac{1}{2}}$ 为以原点为心,并以 $\frac{1}{2}$ 为半径的球体,在球壳 $B_1 \backslash B_{\frac{1}{2}}$ 中寻求正函数 v.这时,条件 $v(1)=0,\dfrac{\partial v}{\partial r}(1)<0,\Delta v>0 \left(\dfrac{1}{2}<r<1\right)$ 均容易实现.

学生 A　呵呵,这下我理解了为什么必须在单位球中挖去一个半径为 $\frac{1}{2}$ 的球再构造 v 的道理.有了 v,则由于 u 在闭集 $\partial B_{\frac{1}{2}}$ 上必有正下界,在 ε 充分小时,$u-\varepsilon v \geqslant 0$ 在边界 $\partial B_{\frac{1}{2}}$ 上也可满足.

教　师 分析至此,只需最终将 $v(r)$ 写出来就可以了.例如取 $v(r)=\mathrm{e}^{-10r^2}-\mathrm{e}^{-10}$ 即可.我们这里的讨论与[1]中的证明过程是完全一致的,希望前面的讨论对大家的理解有帮助.

同一个强极值原理也可以用调和函数在边界上取极大值、在取极值点非切向导数的符号判定的方式来表达.即:

非常数的调和函数在其边界上取极大值的点的内法向导数必定为负.

非常数的调和函数在其边界上取极大值的点的非切向导数必定非零.若该方向与内法向夹角小于零,则此非切向导数为负.

还可以推广到一般的椭圆型方程的情形,其结论的要点都是将较容易得到的非严格不等号改进为严格不等号,而证明的方法与调和方程的情形是相似的.

学生 B　我们以前讨论的极值原理有明显的物理意义与应用,这里的强极值原理也是这样吗?

教　师 当然.若将调和方程用于描写稳定的温度场,则极值原理断定非恒温的温度场的温度最低点必定在边界达到.在这一点热量当然不可能往里流.而强极值原理进一步指出,在物体边界温度最低点热量必定往外流.因为 $\dfrac{\partial u}{\partial \boldsymbol{\nu}}>0$ 比 $\dfrac{\partial u}{\partial \boldsymbol{\nu}} \geqslant 0$ 的结论更强,故[1]中就称霍普夫极值原理为强极值原理.它的应用也是很多的,特别在讨论第二、第三边值问题的唯一性、稳定性时,因为边界条件中涉及未知函数的法向导数,霍普夫极值原理会有很大的作用.

这里要说明一点,你们不要将本讲中讲到的强极值原理与以前所证明的极值原理的强形式相混淆.我们记得对调和方程的解有极值原理的强形式:不是常值的调和函数的极大、极小值只能在边界上取到,这一结论可以推广到一般的椭圆型方程.但是,对调和函数来说,这一结论可以用平均值原理来证明.而对一般的椭圆型方程,要证明这样的结论恰恰要用到霍普夫极值原理.

例 17.1　证明调和方程满足第三类边界条件

$$\left[\frac{\partial u}{\partial \boldsymbol{n}} + \sigma u\right]_{\partial \Omega} = g \quad (\sigma > 0) \tag{17.1}$$

的第三类边值问题的解是唯一的.

证明　只需证明齐次第三类边值问题的解为零.若 w 为齐次第三类边值问题的解,又在 $\overline{\Omega}$ 上不恒等于零,则它必在 $\overline{\Omega}$ 上达到非负极大值或非正极小值.今设为前一种情况,由极值原理可知它只能在边界 $\partial\Omega$ 上某点 P 达到非负极大值,又由霍普夫极值原理可知,在点 P, w 的外法向导数 $\frac{\partial w}{\partial \boldsymbol{n}} > 0$,于是 $\frac{\partial w}{\partial n} + \sigma w > 0$,这与 w 应满足的条件 $\frac{\partial w}{\partial n} + \sigma w = 0$ 矛盾.故 $w \equiv 0$.证毕.

例 17.2　设 Ω 为区域 $|x| > 1$, $u \in C^2(\overline{\Omega})$ 是方程

$$\Delta u + c(x)u = 0 \tag{17.2}$$

的解,其中 $c(x) \le 0$,又

$$\frac{\partial u}{\partial \boldsymbol{n}}\bigg|_{\partial\Omega} = 0, \quad \lim_{x\to\infty} u(x) = 0, \tag{17.3}$$

则 $u \equiv 0$.

证明　若 $u \not\equiv 0$,则总可找到一点 $P \in \overline{\Omega}$,使 $u(P) \ne 0$,不妨设 $u(P) > 0$.由于 $\lim_{x\to\infty} u(x) = 0$,故可作一个以原点为中心且半径充分大的球 B_R,使 $\sup_{\partial B_R} u < u(P)$.由于 u 在 $1 \le |x| \le R$ 中满足(17.2)式,故由极值原理可知 u 不可能在 $1 < |x| < R$ 中取到非负极大值,而 $\sup_{\partial B_R} u < u(P)$ 又说明 u 不可能在 $|x| = R$ 上取到非负极大值.这样,就必须有 $P \in \{|x| = 1\}$.但由霍普夫极值原理可知,在 $|x| = 1$ 上的点, $\frac{\partial u}{\partial \boldsymbol{n}} < 0$,这又与条件(17.3)矛盾.所以必有 $u \equiv 0$.证毕.

习　题

1. 设 Ω 为 $\mathbf{R}^n$ 的有界区域,边界为 Γ, u 为定解问题

$$\begin{cases} -\Delta u + cu = f, \quad c > 0, \quad f > 0, \\ \left[\frac{\partial u}{\partial \boldsymbol{n}} + \sigma u\right]_{\partial\Omega} = g, \quad \sigma > 0, \quad g > 0 \end{cases}$$

的解,求证:在 Ω 上 $u > 0$.

2. 设 B 是 $\mathbf{R}^n$ 中的球, $u \in C^2(B) \cap C^1(\overline{B})$,且满足方程

$$\sum_{i,j=1}^n a_{ij}(x)\frac{\partial^2 u}{\partial x_i \partial x_j} + \sum_{i=1}^n b_i(x)\frac{\partial u}{\partial x_i} + c(x)u = 0, \tag{17.4}$$

其中 $c(x) \leqslant 0$, 矩阵 (a_{ij}) 为正定, 即存在常数 $\alpha > 0$, 使

$$\sum_{i,j=1}^{n} a_{ij}\lambda_i\lambda_j \geqslant \alpha \sum_{i=1}^{n} \lambda_i^2.$$

又设对点 $M_0 \in \partial B$, 有 $u(M_0) \geqslant 0$, 且对 B 的任一内点 M, 成立 $u(M_0) > u(M)$, 则 $\dfrac{\partial u}{\partial \boldsymbol{\nu}} < 0$, 其中 $\boldsymbol{\nu}$ 表示 B 的内法向.

3. 设 Ω 是 $\mathbf{R}^n$ 中的区域, $u \in C^2(\Omega) \cap C^1(\overline{\Omega})$, 满足方程 (17.4). 若 u 在 Ω 的内点达到其非负极大值或非正极小值, 则 u 必为常数.

4. 举例说明: 当 $\sigma > 0$ 不成立时, 在 Ω 中的调和方程满足边界条件 $\left[\dfrac{\partial u}{\partial \boldsymbol{n}} + \sigma u\right]\Big|_{\partial\Omega} = g$ 的解可以不唯一.

5. 设 K 是 $\mathbf{R}^2$ 中的圆环 $\{1 < |x| < 2\}$. φ_1, φ_2 分别是在圆 $\{|x|=1\}$ 与圆 $\{|x|=2\}$ 上的连续函数, 问边值问题

$$\begin{cases} \Delta u = 0, \quad 在 K 内, \\ \dfrac{\partial u}{\partial \boldsymbol{n}}\Big|_{|x|=1} = \varphi_1, \quad u\big|_{|x|=2} = \varphi_2 \end{cases}$$

的解 $u \in C^2(K) \cap C^1(\overline{K})$ 是否唯一?

6. 设 Ω 是具有光滑边界的有界区域, 边值问题

$$\begin{cases} \Delta u - u = 0, \quad 在 \Omega 内, \\ \dfrac{\partial u}{\partial \boldsymbol{n}}\Big|_{\partial\Omega} = 0 \end{cases}$$

的解 $u \in C^2(\Omega) \cap C^1(\overline{\Omega})$ 在 Ω 内是否可能是严格正的?

7. 设 Ω 为平面上的椭圆环 $\{1 \leqslant x^2 + 2y^2 \leqslant 2\}$, $u(x,y) \in C^2(\overline{\Omega})$ 是如下的边值问题的解:

$$\begin{cases} \Delta u = 0, \quad (x,y) \in \overline{\Omega}, \\ u(x,y) = x + y, \quad x^2 + 2y^2 = 2, \\ \dfrac{\partial u(x,y)}{\partial \boldsymbol{n}} + (1-x)u(x,y) = 0, \quad x^2 + 2y^2 = 1. \end{cases}$$

求 $\max\limits_{\overline{\Omega}} |u(x,y)|$.

第十八讲　　二阶线性偏微分方程的分类

教　师　前面几讲我们分别讨论了弦振动方程、热传导方程、调和方程. 这三类方程虽然形式特殊, 却在偏微分方程理论中是很有代表性的. 现在我们将以前面的讨论为基础, 对一般二阶线性偏微分方程进行讨论.

学生 A　一般二阶线性偏微分方程的形式是怎样的?

教　师　先看两个自变量的情形. 这时, 若未知函数为 $u(x, y)$, 则它的一、二阶导数为 $u_x, u_y, u_{xx}, u_{xy}, u_{yy}$, 故一般二阶线性偏微分方程的形式应该是

$$a_{11} u_{xx} + 2 a_{12} u_{xy} + a_{22} u_{yy} + b_1 u_x + b_2 u_y + cu = f, \tag{18.1}$$

其中 $a_{11}, a_{12}, a_{22}, b_1, b_2, c$ 及 f 都是 x, y 的已知函数.

学生 B　当 $a_{11} = -a_{22} = 1$, 其余系数为零时, (18.1) 就是弦振动方程; 当 $a_{22} = -1, b_1 = 1$, 其余系数为零时, (18.1) 就是热传导方程; 当 $a_{11} = a_{22} = 1$, 其余系数为零时, (18.1) 就是调和方程.

学生 C　那么还有其他很多种情形呢?

教　师　形式上看, 确有很多别的情形. 但我们将看到, 弦振动方程、热传导方程、调和方程实际上是三个具有代表性的典型方程, 很多别的情形都可以通过一些变换化成这三类方程. 这些变换中最常用的是自变量变换与未知函数变换.

学生 A　在 (18.1) 中本来已有很多项, 经过自变量变换或未知函数变换并按求导法则展开, 项数增加得更多, 怎么再分类啊?

教　师　由于变换是可以由我们自己选定的, 所以我们可以使变换后的方程的系数选得尽可能的简单. 例如, 使它们等于 0、+1、-1 等. 当然, 能否使变换后的方程的系数达到我们的要求是与变换前方程的系数的性质有关系的. 对于方程 (18.1), 若所做的自变量变换为

$$\xi = \varphi_1(x, y), \quad \eta = \varphi_2(x, y), \tag{18.2}$$

则方程变成形式

$$\bar{a}_{11} u_{\xi\xi} + 2 \bar{a}_{12} u_{\xi\eta} + \bar{a}_{22} u_{\eta\eta} + \bar{b}_1 u_\xi + \bar{b}_2 u_\eta + \bar{c} u = \bar{f}, \tag{18.3}$$

其中

$$\begin{cases} \bar{a}_{11} = a_{11} \varphi_{1x}^2 + 2 a_{12} \varphi_{1x} \varphi_{1y} + a_{22} \varphi_{1y}^2, \\ \bar{a}_{12} = a_{11} \varphi_{1x} \varphi_{2x} + a_{12} (\varphi_{1x} \varphi_{2y} + \varphi_{2x} \varphi_{1y}) + a_{22} \varphi_{1y} \varphi_{2y}, \\ \bar{a}_{22} = a_{11} \varphi_{2x}^2 + 2 a_{12} \varphi_{2x} \varphi_{2y} + a_{22} \varphi_{2y}^2. \end{cases} \tag{18.4}$$

学生 B　要将系数 $\bar{a}_{11},\bar{a}_{12},\bar{a}_{22}$ 等取成最简单的形式,就是要寻求函数 $\varphi_1(x,y),\varphi_2(x,y)$,使之满足所要求的条件. 这实际上就是关于 φ_1,φ_2 的偏微分方程啊?

教　师　是的,这里就产生了一个问题,即这样的偏微分方程是否有解? 事实上,对于原始方程 (18.1),系数 $a_{11},a_{12},a_{22},b_1,b_2,c$ 不同的情况,其回答也是不同的. 我们首先考察最简单的一种选择,是否能找到函数 $\varphi(x,y)$,使得

$$a_{11}\varphi_x^2 + 2a_{12}\varphi_x\varphi_y + a_{22}\varphi_y^2 = 0. \tag{18.5}$$

学生 C　这是一个一阶偏微分方程,可以用常微分方程的理论来求解.

教　师　但(18.5)中出现的一阶导数都是二次的,故先得将该式左边进行因式分解. 这时,方程 (18.1)系数 a_{11},a_{12},a_{22} 不同的情况给出了分解的多种可能性. 将(18.5)中的一阶导数 φ_x,φ_y 分别用 α,β 代替,得到二次型 $a_{11}\alpha^2 + 2a_{12}\alpha\beta + a_{22}\beta^2$. 二次型的不同类型对应着偏微分方程不同的可求解情况.

学生 A　解析几何理论中二次型对应于二次曲线,有双曲线、抛物线、椭圆,另外还有种种退化的情形.

教　师　借助于这些名词,二阶线性偏微分方程也分为双曲型、抛物型、椭圆型等类型. 其化约的过程在[1]中均有详细叙述,我们这里将其结论再复述如下:

(1) 如果在某点 (x_0,y_0),判别式 $\Delta = a_{12}^2 - a_{11}a_{22} > 0$,则在该点的一个邻域中成立此不等式. 于是在该邻域中(18.5)可以分解为两个一阶线性偏微分方程,从而有两个实解 $\varphi_1(x,y),\varphi_2(x,y)$,由此引入自变量变换,$\xi = \varphi_1(x,y),\eta = \varphi_2(x,y)$,可以将方程 (18.1)的主部化为 $u_{\xi\eta}$,或者再引入一个简单的变换 $\xi = \dfrac{s+t}{2},\eta = \dfrac{s-t}{2}$ 后,可以使方程 (18.1)具有形式

$$u_{ss} - u_{tt} = A_1 u_s + B_1 u_t + C_1 u + D_1. \tag{18.6}$$

(2) 如果在某邻域中 $\Delta = a_{12}^2 - a_{11}a_{22} \equiv 0$,则在该邻域中(18.5)仅有一个实解 $\varphi_1(x,y)$,另选一个与 $\varphi_1(x,y)$ 相独立的函数 $\varphi_2(x,y)$,并引入自变量变换 $\xi = \varphi_1(x,y),\eta = \varphi_2(x,y)$,就可以将方程(18.1)的主部化为 $u_{\eta\eta}$. 然后在适当的未知函数变换下,方程 (18.1)具有形式

$$v_{\eta\eta} = A_2 v_\xi + C_2 v + D_2. \tag{18.7}$$

(3) 如果在某点 (x_0,y_0),$\Delta = a_{12}^2 - a_{11}a_{22} < 0$,则在该点的一个邻域中成立此不等式,于是在该邻域中(18.5)没有实解. 这时我们不考虑直接求(18.5)的解,而考虑方程组

$$\begin{cases} a_{11}\varphi_{1x}^2 + 2a_{12}\varphi_{1x}\varphi_{1y} + a_{22}\varphi_{1y}^2 = a_{11}\varphi_{2x}^2 + 2a_{12}\varphi_{2x}\varphi_{2y} + a_{22}\varphi_{2y}^2, \\ a_{11}\varphi_{1x}\varphi_{1y} + a_{12}(\varphi_{1x}\varphi_{2y} + \varphi_{2x}\varphi_{1y}) + a_{22}\varphi_{1y}\varphi_{2y} = 0 \end{cases} \tag{18.8}$$

的求解. 方程组(18.8)的求解虽然较复杂些,但它在 (x_0,y_0) 点邻域的可解性也是已被证明了的事实. 于是我们引入变换 $\xi = \varphi_1(x,y),\eta = \varphi_2(x,y)$ 就可以将方程(18.1)化成形式

$$u_{\xi\xi} + u_{\eta\eta} = Au_\xi + Bu_\eta + Cu + D. \tag{18.9}$$

以上三种形式分别称为双曲型偏微分方程、抛物型偏微分方程与椭圆型偏微分方程.

学生 B　这些方程的解是否与双曲线、抛物线或椭圆有特殊的联系？

教　师　没有，这里完全是出于称呼上的方便而这么命名的．这三类方程的解一般都要比二次曲线复杂得多．

学生 C　从上述分类来看，弦振动方程属双曲型方程，热传导方程属抛物型方程，调和方程属椭圆型方程．

教　师　是的，弦振动方程、热传导方程、调和方程不仅有重要的物理背景，而且是三个不同类型方程的典型代表，所以我们要花很多精力分别进行研究．

学生 A　我注意到您在上面陈述结论时，对双曲型方程与椭圆型方程是说若 $a_{12}^2 - a_{11}a_{22}$ 在一点大于零或小于零，但对抛物型方程却说是在一个区域中等于零，为什么有此区别？

教　师　这个区别很重要，因为我们在寻求方程(18.5)的解时，总得在一个区域中进行，不管这个区域是多么的小．由于连续函数在一点大于零(或小于零)，就必定在该点的一个邻域中大于零(或小于零)，所以在划分出双曲型方程与椭圆型方程时可以仅要求判别式在一点不为零，但判别式在一点等于零不能推出在该点的邻域中也如此，所以在划分出抛物型方程时，必须要求判别式在整个区域中为零．

学生 A　要是判别式仅在一点为零，将它归在哪一类？

教　师　这时情况就比较复杂．若在这一点的邻域中判别式 $\Delta = a_{12}^2 - a_{11}a_{22}$ 是非负的，我们称该方程为退化双曲型的，若在这一点的邻域中判别式 $\Delta = a_{12}^2 - a_{11}a_{22}$ 是非正的，我们称该方程为退化椭圆型的，若在这一点的邻域中判别式 $\Delta = a_{12}^2 - a_{11}a_{22}$ 有取正值的点也有取负值的点，我们称该方程在该邻域中为混合型方程．

学生 B　还会有一些更特殊的情况吧？例如方程

$$u_x - x^2 u_{yy} = 0.$$

它在 $x \neq 0$ 时表现为抛物型，在 $x = 0$ 时等式左边只含一个一阶导数项，这算退化抛物型方程吗？

教　师　可以称为退化抛物型吧，退化的情形很多，而它们出现的概率也较小，所以在初次遇到偏微分方程的分类时我们不将精力分散到那里去．对我们来说，最重要的是双曲型方程、抛物型方程、椭圆型方程这三种．而且由于判别式不等于零的情况较其等于零的情况更一般，故双曲型方程与椭圆型方程出现的可能性最大．

学生 C　我还想问一句，我们为什么要对偏微分方程分类呢？

教　师　分了类就便于研究同类方程的共性．在同类方程中只需研究一个典型的，其余方程的性质或解法等可以举一反三、触类旁通，这也是其他数学问题乃至各种科学问题的研究方法，所以合适的分类对于深入有效地进行研究是很重要的．

学生 A　关于两个自变量的二阶线性偏微分方程的分类方法是否也适用于多个自变量的情形？

教　师　基本思想是可以用的，但是含多个自变量的情形能得到的结论要比含两个自变量的情

形弱得多. 在具有多个自变量的情形,一般二阶线性偏微分方程的形式为

$$\sum_{i,j=1}^{n} a_{ij} \frac{\partial^2 u}{\partial x_i \partial x_j} + \sum_{i=1}^{n} b_i \frac{\partial u}{\partial x_i} + cu = f. \tag{18.10}$$

仿照我们在两个自变量的情形所做的那样,令

$$\xi_i = \varphi_i(x_1, \cdots, x_n), \quad i = 1, \cdots, n,$$

代入(18.10)得到

$$\sum_{i,j=1}^{n} \overline{a}_{ij} \frac{\partial^2 u}{\partial \xi_i \partial \xi_j} + \sum_{i=1}^{n} \overline{b}_i \frac{\partial u}{\partial \xi_i} + \overline{c} u = \overline{f}. \tag{18.11}$$

如果要求方程化到很简单的形式,例如化到波动方程 $\dfrac{\partial^2 u}{\partial \xi_1^2} - \dfrac{\partial^2 u}{\partial \xi_2^2} - \cdots - \dfrac{\partial^2 u}{\partial \xi_n^2} = 0$ 的形式,就应当要求 $\overline{a}_{11} = 1, \overline{a}_{22} = \cdots = \overline{a}_{nn} = -1$,其余 $\overline{a}_{ij} = 0$,这就会要求函数 $\varphi_i(x_1, \cdots, x_n)$ 满足过多的方程,从而一般不可能找到. 所以我们只能降低要求,仅要求方程(18.11)在一点具有类似于波动方程的形式,而不要求它在该点的邻域中都有如此简单的形式. 但即使如此,方程的分类仍然会对我们在提出合理的定解问题、研究解的性质、采用合适的求解方法等方面提供很多帮助.

学生 A　能否也像两个自变量的情形,归纳一下我们能得到的分类结论?

教　师　对于固定的一点 $P = (x_{10}, \cdots, x_{n0})$,若方程(18.10)的系数矩阵 $A = (a_{ij})$ 为正定(或负定),则能够通过自变量的变换使方程(18.11)在 P 点具有形式

$$\frac{\partial^2 u}{\partial \xi_1^2} + \cdots + \frac{\partial^2 u}{\partial \xi_n^2} = 低阶项. \tag{18.12}$$

这时,称(18.10)为椭圆型.

若方程(18.10)的系数矩阵 $A = (a_{ij})$ 的特征根有一个为正,$n-1$ 个为负(或一个为负,$n-1$ 个为正),则能够通过自变量的变换使方程(18.11)在 P 点具有形式

$$\frac{\partial^2 u}{\partial \xi_1^2} - \frac{\partial^2 u}{\partial \xi_2^2} - \cdots - \frac{\partial^2 u}{\partial \xi_n^2} = 低阶项. \tag{18.13}$$

这时,称(18.10)为双曲型.

学生 B　抛物型呢?

教　师　如方程要在一点能简化到热传导方程

$$\frac{\partial u}{\partial \xi_1} = a^2 \left(\frac{\partial^2 u}{\partial \xi_2^2} + \cdots + \frac{\partial^2 u}{\partial \xi_n^2} \right) + f \tag{18.14}$$

的形式,首先就要求系数矩阵 A 是退化的,要求其特征值有一个是零,其余 $n-1$ 个同号. 同时对于对应方程的低阶项也有要求. 更由于在一点退化的特性不能自然地导出在该点的邻域中也有同样的退化特性,故一般在谈论一个多自变量的二阶偏微分方程能否化到热传导方程的形式,还得在整个区域中进行. 这时用方程(18.10)的系数来一般性地写出是否可化约的条件会相当啰嗦,所以人们一般只对所涉及的方程作具体地考察,它能否简化成(18.14)的形式.

学生 C　如果 $n > 3$,还有很多其他的情况. 例如矩阵 $A = (a_{ij})$ 的特征根有两个为正,$n-2$

个为负.

教　师　这时方程(18.10)在 P 点可简化成

$$\frac{\partial^2 u}{\partial \xi_1^2} + \frac{\partial^2 u}{\partial \xi_2^2} - \frac{\partial^2 u}{\partial \xi_3^2} - \cdots - \frac{\partial^2 u}{\partial \xi_n^2} = 低阶项,　　　　　　(18.15)$$

它称为超双曲型方程.由于这类方程没有合适的物理背景,所以研究得不多.

学生 A　与含两个自变量的二阶偏微分方程相比,关于含多个自变量的二阶偏微分方程的分类
结果似要差得多.如果很随意地写出一个形为(18.10)的方程,即使限制在一点来看,
它仍很可能不属于椭圆型或双曲型(属于抛物型的可能性更少),从而不知道怎么应用
我们对于典型方程的已有成果去研究它.

教　师　目前情况确是这样,我们一般还是紧扣具有物理背景的方程去研究.这就是数学物理方
程与随意写出的偏微分方程的区别.
　　我们在下面的例题与习题中给出了一些方程,需将它们化成标准形.应注意的是,将一
个给定方程化为标准形的问题一般不会单独出现.它们往往是讨论某个偏微分方程定
解问题需进行的第一步工作.但这一步会给后续工作带来很多的方便.

例 18.1　将 Tricomi 方程

$$y u_{xx} + u_{yy} = 0　　　　　　(18.16)$$

在上、下半平面分别化成标准型.

　　解　方程(18.16)的特征方程为 $y \mathrm{d}y^2 + \mathrm{d}x^2 = 0$.

　　当 $y > 0$ 时,它可写成 $\mathrm{d}x \pm \mathrm{i}\sqrt{y}\mathrm{d}y = 0$,其首次积分为 $x \pm \mathrm{i}\frac{2}{3}y^{\frac{3}{2}} = c$,于是可作变换

$$\begin{cases} \xi = x, \\ \eta = \dfrac{2}{3}y^{\frac{3}{2}}. \end{cases}　　　　　　(18.17)$$

经计算可知

$$u_{xx} = u_{\xi\xi},$$

$$u_{yy} = \left(u_\eta y^{\frac{1}{2}} \right)_y = u_{\eta\eta} y + \frac{1}{2}u_\eta y^{-\frac{1}{2}}$$

$$= y\left(u_{\eta\eta} + \frac{1}{3\eta}u_\eta \right).$$

于是方程(18.16)在上半平面 $y > 0$ 内可化为

$$u_{\xi\xi} + u_{\eta\eta} + \frac{1}{3\eta}u_\eta = 0.　　　　　　(18.18)$$

　　又当 $y < 0$ 时,方程(18.16)的特征方程为 $\mathrm{d}x \pm \sqrt{-y}\mathrm{d}y = 0$,其首次积分为 $x \pm \frac{2}{3}(-y)^{\frac{3}{2}} = c$,

引入变换

$$\begin{cases} \xi = x - \dfrac{2}{3}(-y)^{\frac{3}{2}}, \\[3mm] \eta = x + \dfrac{2}{3}(-y)^{\frac{3}{2}}. \end{cases} \qquad (18.19)$$

可计算得

$$\begin{cases} u_x = u_\xi + u_\eta, \\[2mm] u_{xx} = u_{\xi\xi} + 2u_{\xi\eta} + u_{\eta\eta}, \\[2mm] u_y = (u_\xi - u_\eta)(-y)^{\frac{1}{2}}, \\[2mm] u_{yy} = (u_{\xi\xi} - 2u_{\xi\eta} + u_{\eta\eta})(-y) - (u_\xi - u_\eta) \cdot \dfrac{1}{2}(-y)^{-\frac{1}{2}}. \end{cases}$$

于是,方程(18.16)在下半平面 $y < 0$ 内可化为

$$4y u_{\xi\eta} - \frac{1}{2}(u_\xi - u_\eta)(-y)^{-\frac{1}{2}} = 0,$$

$$u_{\xi\eta} - \frac{1}{6(\xi - \eta)}(u_\xi - u_\eta) = 0. \qquad (18.20)$$

注　本例中 $y = 0$ 为变型线. 当点 (x,y) 从上半平面趋于 x 轴时,方程(18.18)中 $\eta \to 0$,则方程(18.18)的系数趋于无限大;又当 (x,y) 从下半平面趋于 x 轴时,方程(18.20)中 $\xi - \eta \to 0$,故方程(18.20)的系数趋于无限大,所以标准型(18.18)及(18.20)只是在开的上半平面或开的下半平面有效.

例 18.2　试证:若方程(18.10)为常系数椭圆型方程,它必能通过自变量与未知函数的变换化成 $\Delta u + cu = f_1$ 的形式.

证明　设方程(18.10)中的系数矩阵 (a_{ij}) 为正定,则存在正交矩阵 $\boldsymbol{U}$,使

$$\boldsymbol{UAU}^{\mathrm{T}} = \mathrm{diag}(\lambda_1, \cdots, \lambda_n),$$

记 $x = (x_1, \cdots, x_n)$, $y = (y_1, \cdots, y_n)$,变换 $y = \boldsymbol{U}x$ 使方程(18.10)变成

$$\sum_{i,j=1}^{n} \bar{a}_{ij} \frac{\partial^2 u}{\partial y_i \partial y_j} + \sum_{i=1}^{n} \bar{b}_i \frac{\partial u}{\partial y_i} + cu = f. \qquad (18.21)$$

记 $\bar{A} = (\bar{a}_{ij})$,则 $\bar{A} = \boldsymbol{UAU}^{\mathrm{T}}$,所以(18.10)式即为

$$\sum_{i=1}^{n} \lambda_i \frac{\partial^2 u}{\partial y_i^2} + \sum_{i=1}^{n} \bar{b}_i \frac{\partial u}{\partial y_i} + cu = f,$$

令 $z_i = \lambda_i^{-\frac{1}{2}} y_i (i = 1, \cdots, n)$,可得

$$\sum_{i=1}^{n} \frac{\partial^2 u}{\partial z_i^2} + \sum_{i=1}^{n} \bar{\bar{b}}_i \frac{\partial u}{\partial z_i} + cu = f,$$

再令 $v = u \exp\left(\dfrac{1}{2} \sum \bar{\bar{b}}_i z_i\right)$,上式即化成

$$\Delta v + c_1 v = f_1, \qquad (18.22)$$

其中 $c_1 = c - \sum \dfrac{1}{4} \bar{\bar{b}}_i^2$, $f_1 = f \exp\left(\dfrac{1}{2} \sum \bar{\bar{b}}_i z_i\right)$. 证毕.

习　题

1. 证明：含两个自变量的二阶线性偏微分方程经过自变量的可逆变换后类型不变.

2. 判定下列方程的类型：

（1） $u_{xx} + xyu_{yy} = 0$；

（2） $u_{xx} - 2u_{xy} + u_{yy} + u_y = 0$；

（3） $y^m u_{xx} + u_{yy} + au_x + bu_y + cu = 0$，$m$ 为正整数；

（4） $x^2 u_{xx} - y^2 u_{yy} = 0$；

（5） $\operatorname{sgn} y \cdot u_{xx} + 2u_{xy} + \operatorname{sgn} x \cdot u_{yy} = 0$，其中 $\operatorname{sgn} x = \begin{cases} 1, & x > 0, \\ 0, & x = 0, \\ -1, & x < 0. \end{cases}$

3. 将下列方程化成标准型：

（1） $u_{xx} + x^2 u_{yy} = 0$，　$x > 0$；

（2） $y^2 u_{xx} + x^2 u_{yy} = 0$，　在第一象限中；

（3） $4u_{xx} + 4u_{xy} + u_{yy} - 2u_y = 0$；

（4） $u_{xx} + y^k u_{yy} = 0$，　上、下半平面.

4. 若方程（18.10）为区域 Ω 中的变系数双曲型方程，则对 $P \in \Omega$，在 P 点的某一邻域中一定可以将该方程的二阶项部分化成

$$\frac{\partial^2 u}{\partial x_1^2} - \sum_{i,j=2}^n p_{ij} \frac{\partial^2 u}{\partial x_i \partial x_j},$$

其中 (p_{ij}) 为 $n-1$ 阶正定矩阵.

5. 证明：二阶常系数双曲型方程必可通过自变量的变换与未知函数的变换，化成

$$\frac{\partial^2 u}{\partial \xi_1^2} - \sum_{j=2}^n \frac{\partial^2 u}{\partial \xi_j^2} + cu = f.$$

6. 证明：常系数方程

$$u_{xy} + au_x + bu_y + cu = 0$$

必可通过未知函数的变换化成 $v_{xy} + c_1 v = 0$ 的形式.

7. 判定下列方程的类型：

（1） $u_{x_1 x_1} + 2\sum_{k=2}^n u_{x_k x_k} - 2\sum_{k=1}^n u_{x_k x_{k+1}} = 0$；

（2） $u_{x_1 x_1} - 2\sum_{k=2}^n (-1)^k u_{x_{k-1} x_k} = 0$；

（3） $\sum_{k=1}^n u_{x_k x_k} + \sum_{l<k} u_{x_l x_k} = 0$；

（4） $u_{xx} + 2u_{xy} + 2u_{yy} + 4u_{yz} + 5u_{zz} + 3u_x + u_y = 0$.

8. 对 $\mathbf{R}^n$ 中诸点判定方程

$$\sum_{i,j=1}^n (\delta_{ij} - x_i x_j) \frac{\partial^2 u}{\partial x_i \partial x_j} + 2\sum_{i=1}^n x_i \frac{\partial u}{\partial x_i} + cu = f$$

的类型,式中
$$\delta_{ij} = \begin{cases} 1, & i = j, \\ 0, & i \neq j. \end{cases}$$

9. 将下列偏微分方程化为标准型:

(1) $u_{xx} + 2u_{xy} + 2u_{yy} + 4u_{yz} + 5u_{zz} = 0$;

(2) $u_{xx} + u_{yz} + u_{xz} - 4u_x + u_y = 0$;

(3) $u_{xy} - u_{xz} - u_{yz} = 0$;

(4) $u_{xx} - 2u_{xy} + u_{zz} - 3u_x + 12u_y + 27u = 0$.

10. 给定含参数 α 的二阶偏微分方程

$$u_{xx} + 4u_{xy} - \alpha u_{yy} = 0.$$

当 α 取值在什么范围时,该方程可以通过自变量的线性变换 $(x, y) \to (t, z)$ 变成弦振动方程

$$u_{tt} - u_{zz} = 0.$$

11. 空气动力学中的恰普雷金方程的形式为

$$K(\sigma)u_{\theta\theta} + u_{\sigma\sigma} = 0,$$

其中 $K(\sigma)$ 为一个二次连续可微函数, $K(0) = 0, K'(0) > 0$, 试在 $\sigma < 0$ 与 $\sigma > 0$ 的区域中分别将恰普雷金方程化为标准型.

第十九讲　二阶线性偏微分方程的特征理论

教　师　在将二阶线性偏微分方程化到标准形的讨论中,方程(18.5)的可解性起了重要的作用. 如果在一个区域中 $a_{11}a_{22} - a_{12}^2 < 0$,则方程(18.5)存在两个实解. 如果在一个区域中 $a_{11}a_{22} - a_{12}^2 = 0$,则方程(18.5)存在一个实解. 如果在一个区域中 $a_{11}a_{22} - a_{12}^2 > 0$,则方程(18.5)不存在实解. "$\varphi(x,y) =$ 常数"所表示的曲线称为特征线,所以当方程(18.1)有两族特征线时属双曲型,当方程(18.1)仅有一族特征线时属抛物型,当方程(18.1)没有实特征线时属椭圆型.

学生 A　能否结合典型的方程将上述结论解释得更具体些?

教　师　对于弦振动方程 $u_{tt} - a^2 u_{xx} = 0$,它的相应的方程(18.5)为 $\varphi_t^2 - a^2 \varphi_x^2 = 0$. 因式分解后得,$\varphi_t - a\varphi_x = 0$ 或 $\varphi_t + a\varphi_x = 0$,由此可知弦振动方程有两族特征线 $x \pm at =$ 常数. 对于热传导方程 $u_t - a^2 u_{xx} = 0$,它所对应的方程(18.5)为 $a^2 \varphi_x^2 = 0$,故热传导方程仅有一族特征线 $t =$ 常数. 最后,与调和方程 $u_{xx} + u_{yy} = 0$ 相对应的方程(18.5)为 $\varphi_x^2 + \varphi_y^2 = 0$,如果实函数 $\varphi(x,y)$ 满足该方程,则必有 $\varphi(x,y) \equiv$ 常数. 从而无法用 $\varphi(x,y) = 0$ 表示曲线,所以调和方程不存在特征线.

学生 B　在讨论弦振动方程所描写的波的传播现象时,任意选定一个函数 $f(s)$,然后将变元 s 用 $x \pm at$ 代入,所得到的函数 $f(x \pm at)$ 就是弦振动方程的解.

教　师　以 u 表示所指定质点偏离平衡位置的值,你所说的事实说明一个确定的波形将以速度 a 传播. 在 (x,t) 空间中来看,特征线"$x \pm at =$ 常数"就是波传播的途径.

学生 C　教科书[1]中说,特征线"$x \pm at =$ 常数"也是弱间断传播的途径,怎么理解?

教　师　我们先说一下弱间断的概念. 在我们一开始接触到偏微分方程时所说的解都是对连续可导函数而言的. 要求这样的函数具有方程中出现的一切导数,且当将这个函数代入方程时方程即化为恒等式,这样的解通常称为偏微分方程的经典解. 但是在实际应用中也可能遇到正则性较差的解. 例如将一根紧张的弹性弦在中部某一点拉起后突然放手,这时弦的形状就不会很光滑. 对于含两个自变量的二阶偏微分方程来说,我们如果对解的正则性要求降低为在全空间一阶连续可导,而除了一些特定的曲线外,函数仍有二阶直到该曲线连续的偏导数,则这样的解称为弱间断解. 经过分析运算可知,对于任何一个弱间断解,这些使弱间断解可能发生弱间断的特定曲线不能是任意的,它只能是特征线.

学生 A　这有些妙. 除了"弱间断"外我们尚不知道解的任何其他信息.

教　师　"弱间断"可以视为一种"奇性"或"扰动",弱间断解的弱间断线必定是特征线,说明奇性是只能沿着特征线传播的. 即使是经典解, 如果解 u 具有 $m-1$ 阶连续偏导数 ($m>2$), 而除了一条特定曲线外 u 有 m 阶连续偏导数, 这些偏导数也一直连续到这条特定曲线, 则这一特定曲线也必定是特征线.

学生 B   上面的讨论能否推广到含多个自变量的偏微分方程的情形?

教　师   完全可以. 仍然对二阶线性偏微分方程来讨论. 二阶线性偏微分方程的一般形式为 (18.10), 利用方程中二阶导数项的系数, 可以推导出一个关于函数 $\varphi(x_1,\cdots,x_n)$ 的一阶偏微分方程

$$\sum_{i,j=1}^n a_{ij}\frac{\partial\varphi}{\partial x_i}\frac{\partial\varphi}{\partial x_j}=0. \tag{19.1}$$

如果函数 $\varphi(x_1,\cdots,x_n)$ 满足 (19.1), 则称 $\varphi(x_1,\cdots,x_n)=0$ 为方程 (18.10) 的特征 (或特征流形). 如果 $n=2$, 则特征就是前面说到的特征线; 如果 $n=3$, 则特征一般表现为二维的特征曲面; 如果 $n>3$, 则特征表现为特征超曲面, 通常也简称为特征曲面. 书 [1] 中也已证明了, 方程 (18.10) 弱间断解的弱间断面只能是特征曲面.

学生 C   多个自变量的二阶偏微分方程的分类也可以按方程 (19.1) 的可解性决定吧?

教　师   如果在一点 $P(x_1^0,\cdots,x_n^0)$, 矩阵 (a_{ij}) 满秩, 且其所有特征根同号, 则在 P 点邻域中仍成立矩阵 (a_{ij}) 满秩与其所有特征根同号的事实. 于是在该邻域中不可能有函数满足方程 (19.1). 所以椭圆型方程没有实特征曲面. 如果在一点 $P(x_1^0,\cdots,x_n^0)$, 矩阵 (a_{ij}) 满秩, 且其特征根中有 $n-1$ 个同号, 而另一个具有相反的符号, 则在 P 点的邻域中矩阵 (a_{ij}) 有同样的性质. 于是方程 (19.1) 在该邻域中有实函数解. 所以双曲型方程有实特征曲面.

学生 A   那么双曲型方程过空间一点有几个特征曲面呢?

教　师   在多个自变量的情形, 这个问题的回答就不那么简单. 因为 (19.1) 可视为一阶偏微分方程, 它的解是 n 维空间中的 $n-1$ 维流形. 由一阶偏微分方程理论可知, 在 (18.10) 成立时, 对于过 P 点的一个 $n-2$ 维流形 S, 可以从 S 发出两个 $n-1$ 维流形满足 (19.1). 即过 S 有双曲型方程 (18.10) 的两个特征流形. 当 $n=2$ 时, 就是前面所说的结论: 过 P 点有两条特征线. 但在 $n>2$ 时, 过 P 点的 $n-2$ 维流形 S 有相当的任意性, 故不能用过一点有几个特征曲面来描述双曲型方程.

学生 B   那有什么好方法来描述它的特性?

教　师   注意到方程 (19.1) 中只含有函数 $\varphi(x_1,\cdots,x_n)$ 的导数, 故如果 $\varphi(x_1,\cdots,x_n)=0$ 表示特征曲面, 则 $(\varphi_{x_1},\cdots,\varphi_{x_n})$ 表示特征曲面的法向. 于是 (19.1) 表示该法向所应该满足的方程. 以后我们就将特征曲面的法向 $(\varphi_{x_1},\cdots,\varphi_{x_n})$ 称为特征方向. 将特征方向单独用方程 (18.10) 的二阶导数项系数来定义, 即若方向 $\boldsymbol{\nu}=(\nu_1,\cdots,\nu_n)$ 满足

$$\sum_{i,j=1}^n a_{ij}\nu_i\nu_j=0, \tag{19.2}$$

则称 $\boldsymbol{\nu}$ 为方程 (18.10) 在 P 点的特征方向. 于是特征曲面也可以定义为"若一个曲面的

法向处处为特征方向,则该曲面为特征曲面".

偏微分方程(18.10)过 P 点的所有特征方向构成一个锥面,这个锥称为法锥.过 P 点的任一特征曲面必与法锥中的某一条母线垂直.在方程(18.10)为常系数偏微分方程的情况下,过 P 点的平面只要与法锥中某一条母线垂直,这个平面就是(18.10)的特征平面.当方程(18.10)为变系数偏微分方程时,过 P 点的平面若与法锥中某一条母线垂直,这个平面就可以是(18.10)的某个特征曲面的切平面.所有这些平面的包络面是以 P 点为顶点的一个锥面,它称为特征锥.对于自变量个数大于 2 的二阶双曲型方程来说,过自变量空间的每一点都能作一个特征锥.

学生 C　(19.2)是否就是法锥的方程?

教　师　是的,取一个特殊的例子可以看得更清楚.含多个自变量的波动方程形式为

$$\frac{\partial^2 u}{\partial x_1^2} - a^2 \left(\frac{\partial^2 u}{\partial x_2^2} + \cdots + \frac{\partial^2 u}{\partial x_n^2} \right) = 0, \tag{19.3}$$

将它与(18.10)相比较,可见 $a_{11} = 1$, $a_{22} = \cdots = a_{nn} = -a^2$,其余 a_{ij} 为零.

于是,方程(19.1)的形式为 $\varphi_{x_1}^2 - a^2 (\varphi_{x_2}^2 + \cdots + \varphi_{x_n}^2) = 0$,方程(19.2)为 $\nu_1^2 = a^2 (\nu_2^2 + \cdots + \nu_n^2)$.

过 P 点、方向为 $\boldsymbol{\nu}$ 的直线为

$$x_i = \nu_i t \quad (i = 1, \cdots, n), \quad \text{其中} \ \nu_1^2 = a^2 (\nu_2^2 + \cdots + \nu_n^2).$$

所有这些直线的集合就是以 P 点为顶点的锥面

$$x_1^2 = a^2 (x_2^2 + \cdots + x_n^2). \tag{19.4}$$

当(18.10)为一般的双曲型方程时,不难通过自变量空间的坐标变换将(19.2)化成标准的情形.

学生 C　特征方向是否就是特征线的方向?

教　师　按上面的定义,特征方向是特征曲面的法方向.当我们讨论二维空间中的偏微分方程时,特征曲面就表现为特征线.所以特征方向不是特征线的方向,而是特征线的法方向.

但是,有些书中在讨论一阶偏微分方程的特征理论或含两个自变量的偏微分方程时也有将特征线方向简称为特征方向的.所以我们在阅读参考书籍或文献时得注意其中的约定,避免引起误解.

例 19.1　求方程 $u_{xx} + y u_{yy} = 0$ 过下半平面或 x 轴上任意点的特征线.

解　写出特征曲线的微分方程为

$$\mathrm{d}y^2 + y \mathrm{d}x^2 = 0. \tag{19.5}$$

若 $y < 0$,则 $(-y)^{-\frac{1}{2}} \mathrm{d}y \pm \mathrm{d}x = 0$,于是得

$$x - x_0 = \pm \frac{1}{2} \left[(-y)^{\frac{1}{2}} - (-y_0)^{\frac{1}{2}} \right], \tag{19.6}$$

它就是过 (x_0, y_0) 的两条特征线.当 $y_0 \to 0$ 时,(19.5)式可写成

$$x - x_0 = \pm \frac{1}{2}(-y)^{\frac{1}{2}}. \tag{19.7}$$

由于(19.7)式所表示的曲线在点$(x_0, 0)$的切线均与x轴一致,故(19.7)式实际上可以用一个统一的方程表示. 这个方程为

$$(x - x_0)^2 + \frac{1}{4}y = 0, \tag{19.8}$$

它并无奇点. 另一方面,由方程(19.5)可知$y = 0$也是其特征线. 于是,过点$(x_0, 0)$的特征线为$(x - x_0)^2 + \frac{1}{4}y = 0$与$y = 0$,它们在$x = x_0$处相切.

例 19.2 求波动方程

$$u_{tt} = a^2(u_{xx} + u_{yy})$$

过(x_0, y_0, t_0)的特征锥面.

解 该方程的单位特征向量$(\alpha_t, \alpha_x, \alpha_y)$应当满足

$$\alpha_t^2 = a^2(\alpha_x^2 + \alpha_y^2), \quad \alpha_t^2 + \alpha_x^2 + \alpha_y^2 = 1,$$

故可得

$$\alpha_t = \pm \frac{a}{\sqrt{1 + a^2}}, \quad \alpha_x^2 + \alpha_y^2 = \frac{1}{\sqrt{1 + a^2}},$$

引入参数θ,可以将特征方向写成

$$(\alpha_t, \alpha_x, \alpha_y) = \left(\pm \frac{a}{\sqrt{1 + a^2}}, \frac{\cos\theta}{\sqrt{1 + a^2}}, \frac{\sin\theta}{\sqrt{1 + a^2}} \right). \tag{19.9}$$

过点(x_0, y_0, t_0)、以(19.9)为法方向的特征平面方程为

$$a(t - t_0) + \cos\theta(x - x_0) + \sin\theta \cdot (y - y_0) = 0. \tag{19.10}$$

(19.10)是以θ为参数的平面族,今求其包络. 将(19.10)关于θ求导,得

$$-\sin\theta \cdot (x - x_0) + \cos\theta \cdot (y - y_0) = 0.$$

消去θ,得到包络面方程为

$$(x - x_0)^2 + (y - y_0)^2 = a^2(t - t_0)^2, \tag{19.11}$$

这就是所求的特征锥面.

例 19.3 求波动方程

$$\frac{\partial^2 u}{\partial t^2} = \frac{\partial^2 u}{\partial x^2} + \frac{\partial^2 u}{\partial y^2} \tag{19.12}$$

过直线$l : x = 2t, y = 0$的特征平面.

解法 1 先求出与直线l相垂直的特征方向. 由上例的(19.9)式可知,特征方向为

$$\left(\pm \frac{1}{\sqrt{2}}, \frac{1}{\sqrt{2}}\cos\theta, \frac{1}{\sqrt{2}}\sin\theta \right),$$

为使它与l垂直,应当有

$$\pm 1 + 2\cos\theta = 0,$$

故$\theta = \frac{\pi}{3}, \frac{2}{3}\pi$. 所以与$l$垂直的特征方向为

$$\left(1, -\frac{1}{2}, \frac{\sqrt{3}}{2} \right) \quad 与 \quad \left(-1, \frac{1}{2}, \frac{\sqrt{3}}{2} \right).$$

由此得过 l 的特征平面是

$$t - \frac{1}{2}x + \frac{\sqrt{3}}{2}y = 0 \quad 与 \quad -t + \frac{1}{2}x + \frac{\sqrt{3}}{2}y = 0. \tag{19.13}$$

解法 2 用参数式写出 l 的方程为

$$t = \tau, \quad x = 2\tau, \quad y = 0,$$

今过 l 上每一点作方程(19.12)的特征锥面,得

$$(x - 2\tau)^2 + y^2 = (t - \tau)^2. \tag{19.14}$$

现求此特征锥面族的包络. 将上式关于 τ 求导,得

$$-4(x - 2\tau) = -2(t - \tau), \tag{19.15}$$

由(19.14)式与(19.15)式消去 τ,可得

$$y^2 = \frac{1}{3}(2t - x)^2. \tag{19.16}$$

将此式分解,即得方程(19.13)所示的两个平面.

习　题

1. 求下列方程的特征方向:

（1） $\dfrac{\partial^2 u}{\partial x_1^2} + \dfrac{\partial^2 u}{\partial x_2^2} = \dfrac{\partial^2 u}{\partial x_3^2} + \dfrac{\partial^2 u}{\partial x_4^2}$;　　（2） $\dfrac{\partial^2 u}{\partial t^2} = \sum_{i=1}^{3} \dfrac{\partial^2 u}{\partial x_i^2}$;　　（3） $\dfrac{\partial u}{\partial t} = \dfrac{\partial^2 u}{\partial x^2} - \dfrac{\partial^2 u}{\partial y^2}$.

2. 求下列方程的特征曲线:

（1） $u_{xy} + au_x + bu_y + cu = f$;　　（2） $u_t - u_{xx} = 0$;　　（3） $yu_{xx} + u_{yy} = 0$.

3. 求波动方程 $u_{tt} - a^2(u_{xx} + u_{yy}) = 0$,求过直线 $l: t = 0, y = 2x$ 的特征平面.

4. 对波动方程 $u_{tt} - 4(u_{xx} + u_{yy}) = 0$,求过平面 $t = 1$ 上的圆 $(x-1)^2 + y^2 = 1$ 的特征曲面.

5. 证明:经过可逆的坐标变换 $x_i = f_i(y_1, \cdots, y_n)(i = 1, \cdots, n)$,可将原方程的特征曲面变为经变换后的新方程的特征曲面,即特征曲面关于可逆坐标变换具有不变性.

6. 设 l 是 (t, x, y) 空间中的直线,它与三个坐标轴的夹角为 α, β, γ,过直线 l 作方程 $u_{tt} = a^2(u_{xx} + u_{yy})$ 的特征平面,问:这样的特征平面能作几个?

7. 说明方程 $u_{xy} + u_{yz} + u_{xz} = 0$ 是双曲型方程,并求出它过原点的特征锥面.

8. 在区域 Ω 上给定偏微分方程

$$\sum_{i,j=1}^{n} a_{ij} \frac{\partial^2 u}{\partial x_i \partial x_j} + \sum_{i=1}^{n} b_i \frac{\partial u}{\partial x_i} + cu = f, \tag{19.17}$$

其中 $u(x_1, \cdots, x_n)$ 为 Ω 上方程(19.17)的 $m-1$ 阶连续可微解 $(m > 2)$. 若 S 为 Ω 中的 m 阶光滑曲面,u 在 S 的两侧具有直到 S 的 m 阶连续偏导数,但在 S 上 u 的 m 阶偏导数出现间断. 试证 S 必为方程(19.17)的特征曲面.

9. 在 (t, x, y) 空间中给定直线 $L: x = \alpha t, y = \beta t$. 问当 α, β 满足什么条件时,可以过直线 L 作出波动方程

$$u_{tt} = u_{xx} + u_{yy}$$

的特征曲面? 并写出此特征曲面的方程.

第二十讲　三类方程的比较与总结

教　师　我们已经学了不少关于二阶线性偏微分方程的知识,现在可以来做一个初步的总结.

学生 A　"二阶"就是指出现在所讨论的偏微分方程中未知函数最高阶导数的阶为二阶.

学生 B　"线性"是指该方程中未知函数与其所有的导数以线性形式出现.

教　师　"线性"就蕴含了解的叠加的可能性.如果将偏微分方程写成 $Lu = f$ 的形式,其中 L 是作用于 u 的偏微分算子.则当 u_1, u_2 均满足方程 $Lu = 0$ 时,对于任意的常数 c_1, c_2,必有 $L(c_1 u_1 + c_2 u_2) = 0$. 又若 u 满足 $Lu = f$,而 u_1 满足 $Lu_1 = 0$,则 $L(u + u_1) = f$.

学生 C　这个性质十分直观,也值得专门加以说明吗?

教　师　这个性质虽直观,但十分重要,很多性质与求解方法都是从这里来的.例如,当两个函数的相加扩展为无穷和时,就可考虑形为 $\sum\limits_{i=1}^{\infty} u_i$ 的解,其中每个 u_i 都是齐次方程的解.当和式扩展为积分时,就可考虑形为 $\int u(x, \alpha) \, \mathrm{d}\alpha$ 的解,其中 α 为一个参数,而对于每个 α, $u(x, \alpha)$ 都是方程的解.

学生 A　还得考虑无穷和或积分的收敛性吧?

教　师　那当然是必须的.但线性的性质使得我们有利用这种方式考虑问题的可能性,然后再辅以严格的论证.要是处理非线性方程,就得用完全不同的思路.

我们在前面所学习过的求解方法,如分离变量法、积分变换法、球平均法、格林函数法以及齐次化原理等等,都是基于线性性质所设定的方法.例如,分离变量法是将能写成变量分离形式且满足边界条件的解作适当的叠加,使之满足初始条件,从而得到解.用格林函数法解调和方程的边值问题时,注意到格林函数 $G(M, M_0)$ 本身在 $M \neq M_0$ 时,关于 M_0 都满足调和方程,故 $\dfrac{\partial}{\partial n} G(M, M_0)$ 也关于 M_0 满足调和方程. 所以,如果将欲求的解写成 $\int \dfrac{\partial G}{\partial n}(M, M_0) f(M) \, \mathrm{d}M$ 的形式,就是将调和方程的解 $\dfrac{\partial G}{\partial n}(M, M_0)$ 作了积分意义下的叠加.你们可自己回顾一下,其他的各种方法的导出过程中哪里用到了方程的线性特性.

学生 B　如此看来,方程为线性的特性真太重要了!

学生 C　对偏微分方程,通常需要讨论其定解问题的解.那么,定解条件是否有线性与非线性之分?

教　师　有的.如果定解条件也是线性的,如常规的给定未知函数值的初始条件或第一、第二、第三类边界条件,则可以有与仅考虑区域内部解的相类似的结论.但如果边界条件为非线性的,例如 $\dfrac{\partial u}{\partial \boldsymbol{n}} + u^2 = 0$,则齐次方程满足边界条件的两个解的线性组合就不见得满足边界条件,从而不是边值问题的解.但即使如此,方程本身的线性仍然可能在求解时提供给我们很多的方便.

学生 A　我想,非线性偏微分方程的各类问题的讨论会比线性偏微分方程的相应问题困难得多.

教　师　一般来说是这样.这就是我们先从线性偏微分方程入手的原因.而对于线性偏微分方程的深入了解也是研究非线性偏微分方程的基础.

学生 B　三个典型的方程:弦振动方程、热传导方程和调和方程都是线性偏微分方程.它们分别是双曲型方程、热传导方程和椭圆型方程的代表.

教　师　如前面推导方程时所做的,我们忽略了许多较次要的因素才导出这三个典型方程.否则,将各种因素都考虑在内,就不能仅用线性方程来描写这些物理过程了.

学生 A　这三类偏微分方程还有哪些共性?

教　师　有些性质往往不是三类方程所共有的,而可能其中两类方程有些共同的特性,而这一特性为另一类方程所缺乏.

学生 B　请您说得具体些.

教　师　如双曲型方程与抛物型方程都描写物理现象随时间演变的过程,在方程中都含有关于时间 t 的导数,具有这种特性的偏微分方程称为发展型方程.双曲型方程与抛物型方程是发展型方程中最重要的两类方程.另外的一些物理模型也可能导出其他类型的发展型方程.例如,在弹性力学中的弹性体振动方程,量子力学中的薛定谔方程等都属于发展型方程.对于发展型方程,可以提出与研究初值问题和初边值问题,也都可以讨论解在时间趋于无穷时的渐近性态等.

学生 C　弦振动方程的解保持波形传播,而热传导方程的解是很快衰减的.

教　师　对多个自变量的波动方程来说,也有解的衰减性.由于波动往全空间扩散,所以空间维数愈高,扩散的余地愈大,解就衰减得愈快.对于含 n 个空间变数的波动方程,它的柯西问题的解的衰减率是 $t^{-\frac{n-1}{2}}$.但对于热传导方程来说,即使是一个空间变数热传导方程的柯西问题的解将以指数形式衰减.这一性质可以推广到一般双曲型方程与一般抛物型的情形.当然,对于初边值问题解的渐近性态就与边界条件有关.特别地,当边界条件也有某种渐近性质(例如解的边界值趋于零或恒为零)时,也可讨论解的渐近性态.

学生 A　双曲型方程与抛物型方程的初始条件的给法不一样.例如,弦振动方程的初始条件要给两个,而热传导方程的初始条件只能给一个.

教　师　是的,这也是两者的差异.它源于在弦振动方程中出现未知函数关于时间的二阶导数,而在热传导方程中仅出现未知函数关于时间的一阶导数.由此还导致另一个重要的差异,对于弦振动方程,将时间 t 换成 $-t$,方程的性质基本不变,这也就说明,可以从现在的状态去推知过去的状态.但对热传导方程,情况就完全不同.若将时间 t 换成 $-t$,方程变成

$$\frac{\partial u}{\partial t} + a^2 \frac{\partial^2 u}{\partial x^2} = 0,\qquad\qquad(20.1)$$

它不再是热传导方程.以前用于解热传导方程定解问题的各类方法,对(20.1)均不适用.事实上,对(20.1)来说,柯西问题与初边值问题都不见得有解,所以通常的柯西问题与初边值问题对(20.1)都不合适.

学生 B　以调和方程为代表的椭圆型方程就得有完全不同的定解问题提法.对它来说,由于方程用于刻画稳定的物理状态,在方程中不出现时间变量 t,故只有边值问题.

学生 C　对调和方程的边值问题,其边界条件的提法有第一类(狄利克雷)边界条件、第二类(诺伊曼)边界条件、第三类(罗宾)边界条件等.而对波动方程或热传导方程的初边值问题来说,其边界条件也是这几种提法,这是巧合吗?

教　师　这是很自然的.因为波动方程或热传导方程的稳态解就满足由该波动方程或热传导方程所导出的椭圆型方程(将方程中关于时间的导数均取为零).所以相应的边界条件应该得到保留.又对含多个空间变量的波动方程或热传导方程来说,如果用分离变量法讨论其在时空区域 $(0,T) \times \Omega$ 上的初边值问题,就能分离出一个定义在区域 Ω 上的椭圆型方程.此时原发展型方程的边界条件也以相同的形式转换成导出椭圆型方程的边界条件.以前我们在求圆盘的热传导问题时就是这样做的.

学生 A　椭圆型方程与抛物型方程也有共同点吗?

教　师　椭圆型方程与抛物型方程有很多共同点,在研究方法与结论上有许多可相互借鉴的地方.

学生 B　我记得调和方程与热传导方程都有极值原理.

教　师　极值原理对椭圆型方程与抛物型方程都是极为重要的性质,也成为一种重要的研究方法.而且关于极值原理的几个较细致的结论,两者也是可以相互印证的.将定义在平面区域 $\Omega = (\alpha,\beta) \times (c,d)$ 上的调和方程 $\dfrac{\partial^2 u}{\partial x^2} + \dfrac{\partial^2 u}{\partial y^2} = 0$ 与定义在 $D = (\alpha,\beta) \times (0,T)$ 上的热传导方程 $\dfrac{\partial v}{\partial t} - a^2 \dfrac{\partial^2 v}{\partial x^2} = 0$ 作比较.记 $\partial\Omega$ 为 Ω 的边界.又记 $\partial_1 D$ 为 D 的抛物边界,即 $\{t=0, \alpha \leqslant x \leqslant \beta\} \cup \{0 \leqslant t \leqslant T, x = \alpha,\beta\}$,则关于这两个方程我们有如下的几个相对应的极值原理:

(1)　对调和方程:$u(x,y)$ 在 $\partial\Omega$ 上必能取到 $\overline{\Omega}$ 上的极值.

对热传导方程:$v(t,x)$ 在 $\partial_1 D$ 上必能取到 $\overline{D}$ 上的极值.

(2)　对调和方程:若 $u(x,y)$ 在 Ω 的内点取到 $\overline{\Omega}$ 上的极值,则 $u(x,y)$ 在 $\overline{\Omega}$ 上恒为常数.

对热传导方程:$v(t,x)$ 在 D 的内点 (t_0,x_0) 取到 $\overline{D}$ 上的极值,则 $v(t,x)$ 在 $\overline{D} \cap \{t \leqslant t_0\}$ 上

恒为常数.

（3）对调和方程:若 $u(x,y)$ 在边界点 $P \in \partial\Omega$ 上取到极大值,则在该点的外法向导数

$$\frac{\partial u}{\partial \boldsymbol{n}} > 0.$$

对热传导方程:若 $v(t,x)$ 在点 (t,β) 上取到极大值,其中 $0 < t < T$,则在该点的导数

$$\frac{\partial v}{\partial x} > 0.$$

学生 A　这几类极值原理的写法对一般的椭圆型方程或抛物型方程都有. 椭圆型方程还有许多微妙的性质是否在抛物型方程中都有对应命题?

教　师　不能期望所有的性质都有对应的命题,但有许多性质确实有很相似的对应命题. 例如,调和方程的解在每个区域内点的邻域中是可以展开为幂级数的解析函数. 热传导方程的解在区域每一内点的邻域中不见得是解析的,但可以是无穷次可微的,而且,它还可以具有类似于解析函数那样的一种级数展开的性质(称为热夫雷类). 调和方程的解一点值的变化必定会影响到解在整个求解区域中每一点值的变化,借用波的传播的语言来说,就是扰动传播速度是无限的,而在热传导方程中恰好就有传播速度是无限大的性质.

学生 B　是否有更深层次的原因,使这两类形式上不同的方程会有许多相似的性质?

教　师　从方程的特征形式来看,椭圆型方程的特征形式是正定形式,而抛物型方程的特征形式是半正定形式. 因此,抛物型方程可以看成为一种退化的椭圆型方程. 这样,它具有类似于椭圆型方程的性质,而一般又比椭圆型方程的相应性质弱这一事实就不奇怪了.

学生 C　抛物型方程与退化椭圆型方程是一回事吗?

教　师　不,退化椭圆型方程可以有各种不同的退化方式,其中有些就不是抛物型方程,那些方程可能与热传导方程差别较大.

学生 A　上面所说的主要是三类方程在性质上的相同相异之处. 关于三类方程在研究方法上的相同相异处能否也做一个比较或总结?

教　师　其实,前面讲到的线性性质已在一定程度上说明了这一点. 当然,即使是基于线性性质的方法也不一定对所有的线性偏微分方程都适用. 让我们将以前学习过的方法做一个回顾.

分离变量法是最为普遍适用的方法. 它要求所讨论的方程的定义区域是一个乘积区域. 对于发展型方程来说,由于在实际讨论的定解问题中空间区域通常不随时间变化,故在时空的乘积空间中,所讨论的方程定义区域正是一个乘积区域,这就使分离变量法有应用的可能. 对于椭圆型方程,如果它也是定义在一个乘积区域上,就也有可能应用分离变量法求解. 当然,在应用分离变量法还对方程的系数有一定的要求,但常系数的方程肯定满足这个要求.

积分变换法需要对空间变量(或部分空间变量)作傅里叶变换,因此它一般用于处理发展型方程的柯西问题. 对于椭圆型方程来说,如果其定义区域为带状区域,也有积分变换法的发挥余地.

齐次化原理是用齐次偏微分方程具有非齐次初始条件的解导出非齐次方程的解. 这一方法对发展型方程是普遍适用的, 但对椭圆型方程则不适用.

格林函数法应用的关键是需要找一个含有适当奇性的解, 即基本解. 在更一般的偏微分方程理论中这个方法可以归入基本解方法. 因此, 对于基本解的深入了解是这个方法应用的基础. 由于调和方程基本解的形式比较简单, 故格林函数法得到了成功的应用. 对于热传导方程也能写出相应的基本解, 所以类似的格林函数法也可建立. 现代偏微分方程理论已经建立了相当完整的基本解理论, 从而有格林函数法的推广与应用. 但这些已远超出本数学物理方程课程的范围了.

球平均法是专门对奇数维波动方程(特别是对三维波动方程)设计的一种方法, 它的特殊性较大, 不大适用于其他方程.

极值原理是一个普适性较高的方法, 它可用来导出解的唯一性、稳定性等性质. 它对于各类椭圆型与抛物型方程都可应用, 且在应用时对有关方程系数的要求不高. 它的各种变形还可能应用于退化椭圆型方程或双曲型方程的一些问题中(见文献[11]).

在偏微分方程理论中更常见的一种研究方法是先验估计法. 即在得到解以前, 先估计解在各类函数空间中的模. 这种方法是一个适用性很广的方法, 它已发展出多种不同的形式. 当这个模取为最大模时, 就得到解的绝对值的上界, 它可视为极值原理的推广. 当这个模取为平方可积空间中的模时, 通常被称为能量估计.

学生 B　怎么理解先验估计是极值原理的推广.

教　师　以泊松方程的狄利克雷问题

$$\begin{cases} \dfrac{\partial^2 u}{\partial x^2} + \dfrac{\partial^2 u}{\partial y^2} = f, & (x,y) \in \Omega, \\ u(x,y) = g, & (x,y) \in \partial\Omega \end{cases} \tag{20.2}$$

为例. 在[1]中证明了, 若以 F 记函数 f 在区域 Ω 中绝对值的上界, 以 G 记函数 g 在该区域边界 $\partial\Omega$ 中绝对值的上界. 则有常数 C, 使得下面的不等式成立:

$$\max_{(x,y)\in\Omega} |u| \leqslant CF + G. \tag{20.3}$$

由等式(20.2)可见, 当 $f = 0$ 时, u 为调和方程的解. 此时(20.3)即

$$\max_{(x,y)\in\Omega} |u| \leqslant \max_{(x,y)\in\partial\Omega} |u|. \tag{20.4}$$

显然 $u + G$ 也是调和方程的解, 而 $u + G$ 在边界上是非负的. 于是, 类似于(20.4)有

$$\max_{(x,y)\in\Omega} (u+G) \leqslant \max_{(x,y)\in\Omega} |u+G| \leqslant \max_{(x,y)\in\partial\Omega} |u+G| \leqslant \max_{(x,y)\in\partial\Omega} (u+G).$$

上式指出, u 的上界必在边界上达到. 这就是最大值原理.

学生 C　对于热传导方程也可用同样的方法说明最大值原理是一般先验估计的特例.

教　师　先验估计中等式右端常会含有一个常数 C, 它是与未知的解无关的一个常数. 常数 C 仅依赖于方程的系数与问题中的其他资料. 在很多情况下常数 C 的具体数值并不重要. 例如, 为证明问题(20.2)解的唯一性, 我们取 $f = 0, g = 0$, 于是有 $F = G = 0$. 这就导致 $u \equiv 0$, 从而知问题(20.2)的解是唯一的. 显然, 此时 C 的具体数值就不重要. 先验估计

中允许常数 C 的出现往往能简化相应的运算,也使估计适用范围更广. 例如,估计 (20.3) 就也能适用于一般的椭圆型方程的狄利克雷问题.

学生 A　先验估计方法也能应用于发展型方程吗?

教　师　发展型方程的先验估计常表现为能量估计. 能量估计这个名词来源于波动方程中对振动物体能量的估计. 在第七讲中我们曾讨论了波动方程的能量守恒式与能量不等式,它就是能量估计. 对于一般的双曲型方程也可以用同样的方法建立该方程解的 L^2 模及其导数的 L^2 模的估计,也称为能量估计.

学生 B　热传导方程解的平方模估计也被称为能量估计.

教　师　甚至椭圆型方程解及其平方模的估计也被称为能量估计. 一般来说,我们习惯地将未知解及其导数的 L^2 模估计都称为能量估计. 尽管此时它所代表的含义可能已与物理上能量的概念相距较远了.

学生 C　如何导出能量估计,是否有普遍适用的方法?

教　师　一般是对方程乘以一个微分表达式再进行分部积分. 当然,在导出能量估计时也需根据不同类型方程的特点来进行. 例如,对二阶双曲型方程是通过乘以一个一阶的微分式来做积分的,而对于二阶抛物型方程或二阶椭圆型方程是通过乘以函数本身来进行积分的. 然后就是设法导出对解函数本身的平方模或其导数的平方模的控制. 这里会用到一些不等式的估计,其具体技巧需在实际运算中积累经验.

例 20.1　设 $u(x,t)$ 是初边值问题

$$\begin{cases} u_t = u_{xx}, & 0 \leqslant x \leqslant \pi, \quad t > 0, \\ u\big|_{x=0} = u_x\big|_{x=\pi} = 0, & t > 0, \\ u\big|_{t=0} = \varphi(x), & 0 \leqslant x \leqslant \pi \end{cases} \tag{20.5}$$

的解,其中 $\varphi(0) = \varphi'(\pi) = 0$. 试证

$$\sup_{0 < x < \pi} |u(x,1)| \leqslant \sup_{0 < x < \pi} |\varphi(x)|.$$

证明　将函数 $u(x,t)$ 通过偶延拓成为定义在 $0 < x < 2\pi, t > 0$ 上的函数. 即令

$$\begin{cases} \tilde{u}(x,t) = u(x,t), & x \in [0,\pi], \ t > 0, \\ \tilde{u}(x,t) = u(2\pi - x, t), & x \in [\pi, 2\pi], \ t > 0. \end{cases}$$

则 $\tilde{u}(x,t)$ 是初边值问题

$$\begin{cases} \tilde{u}_t = \tilde{u}_{xx}, & 0 \leqslant x \leqslant 2\pi, \ t > 0, \\ \tilde{u}\big|_{x=0} = \tilde{u}\big|_{x=2\pi} = 0, & t > 0, \\ \tilde{u}\big|_{t=0} = \tilde{\varphi}(x), & 0 \leqslant x \leqslant 2\pi \end{cases} \tag{20.6}$$

的解,其中 $\tilde{\varphi}(x)$ 是 $\varphi(x)$ 在 $[0, 2\pi]$ 上的偶延拓. 由有界区域上热传导方程的极值原理,有

$$\sup_{0 < x < \pi} |u(x,1)| = \sup_{0 < x < 2\pi} |\tilde{u}(x,1)| \leqslant \sup_{0 < x < 2\pi} |\tilde{\varphi}(x)| = \sup_{0 < x < \pi} |\varphi(x)|.$$

例 20.2　设 $u(x,t)$ 是区域 Ω 中下述方程的解:

$$u_t - a(x,t) u_{xx} + b(x,t) u_x + c(x,t) u = 0, \tag{20.7}$$

其中 $\Omega = (\alpha, \beta) \times (0, T)$，$a, b, c$ 均为 $\overline{\Omega}$ 上的连续函数，且 $a > 0$. 记 $\partial_1 \Omega$ 为区域 Ω 的抛物边界，即

$$\partial_1 \Omega = \{\alpha \leqslant x \leqslant \beta, t = 0\} \cup \{x = \alpha, \beta, 0 \leqslant t \leqslant T\}.$$

试证明

$$\max_{\overline{\Omega}} |u(x,t)| = \max_{\partial_1 \Omega} |u(x,t)|. \tag{20.8}$$

证明　先设 $\max_{\overline{\Omega}} u(x,t) > 0$，此时，若有 $(x^*, t^*) \in \overline{\Omega} \backslash \partial_1 \Omega$，使得 $u(x^*, t^*) = \max_{\overline{\Omega}} u(x,t)$，则

$$u_x(x^*, t^*) = 0, \quad u_t(x^*, t^*) \geqslant 0, \quad u_{xx}(x^*, t^*) \leqslant 0.$$

由方程 (20.7) 得

$$c(x^*, t^*) u(x^*, t^*) = a(x^*, t^*) u_{xx}(x^*, t^*) \leqslant 0.$$

但这与 $c(x^*, t^*) > 0, u(x^*, t^*) > 0$ 矛盾. 因此 (20.8) 在 $\max_{\overline{\Omega}} u(x,t) > 0$ 的假定下成立. 同法可证 (20.8) 在 $\min_{\overline{\Omega}} u(x,t) < 0$ 的假定下也成立.

例 20.3　对热传导方程的第三初边值问题:

$$\begin{cases} u_t - a^2 u_{xx} = 0, & 0 < x < l, \ t > 0, \\ u_x - \sigma u \big|_{x=0} = g(t), \quad u_x + \sigma u \big|_{x=l} = h(t), & t > 0, \\ u \big|_{t=0} = \varphi(x), & 0 < x < l, \end{cases}$$

其中 $\sigma > 0$ 为常数，试证明其解 $u(x,t)$ 在下述意义下连续依赖于初值与边值:对任意 $\varepsilon > 0$，存在 δ，使当

$$\int_0^l \varphi^2(x) \, dx + \int_0^T [h^2(t) + g^2(t)] \, dt < \delta$$

时,

$$\int_0^l u^2(x,t) \, dx < \varepsilon, \quad \forall t \in [0, T]. \tag{20.9}$$

证明　用能量方法. 以 u 乘以方程的两端并在 $[0, l]$ 上关于 x 积分得

$$\int_0^l u_t u \, dx - a^2 \int_0^l u_{xx} u \, dx = 0,$$

$$\frac{d}{dt} \frac{1}{2} \int_0^l u^2 \, dx - a^2 u_x u \big|_0^l + a^2 \int_0^l u_x^2 \, dx = 0.$$

注意到 u 所满足的边界条件，由上式得

$$\frac{d}{dt} \frac{1}{2} \int_0^l u^2 \, dx + a^2 \sigma u^2(l,t) - a^2 h(t) u(l,t) + a^2 \sigma u^2(0,t) + a^2 g(t) u(0,t) + a^2 \int_0^l u_x^2 \, dx = 0. \tag{20.10}$$

利用不等式

$$|h(t) u(l,t)| \leqslant \frac{\sigma}{2} u^2(l,t) + \frac{1}{2\sigma} h^2(t),$$

$$|g(t) u(0,t)| \leqslant \frac{\sigma}{2} u^2(0,t) + \frac{1}{2\sigma} g^2(t),$$

由 (20.10) 式可得

$$\frac{d}{dt} \frac{1}{2} \int_0^l u^2 \, dx \leqslant \frac{a^2}{2\sigma} [h^2(t) + g^2(t)].$$

将上式两端从 0 到 t 积分得

$$\frac{1}{2}\int_0^l u^2(x,t)\,\mathrm{d}x \leqslant \frac{1}{2}\int_0^l \varphi^2(x)\,\mathrm{d}x + \frac{a^2}{\sigma}\int_0^t \left[h^2(\tau) + g^2(\tau)\right]\mathrm{d}\tau.$$

由此即得结论(20.9). 证毕.

习　　题

1. 回顾以前学习到的各种求偏微分方程定解问题的各种方法,指出哪里用到了叠加原理.

2. 问:热传导方程第一边值问题的非常值解是否可能在内点取到极小值?

3. 设 $u(x,t)$ 为区域 $\Omega = (a,b) \times (0,T)$ 上热传导方程

$$u_t = u_{xx} + q(x,t)u$$

的解,其中 $q(x,t) < 0$. 记 $\partial_1\Omega = \{a \leqslant x \leqslant b, t = 0\} \cup \{x = a,b, 0 \leqslant t \leqslant T\}$ 为 Ω 的抛物边界. $M = \max\limits_{\Omega} u, m = \max\limits_{\partial_1\Omega} u$. 问是否可能有 $M > m$?

4. 设 $u(x_1, \cdots, x_n)$ 在区域 Ω 上非负,且满足不等式

$$\sum_{i,j=1}^n a_{ij}(x)u_{x_ix_j} + \sum_{i=1}^n b_i(x)u_{x_i} + c(x)u \geqslant 0,$$

其中 a_{ij}, b_i, c 在 $\overline{\Omega}$ 上的具有一阶连续偏导数,$(a_{ij}(x))$ 为正定矩阵,$c(x) \leqslant 0$,证明

$$\max_{\Omega} u = \max_{\partial\Omega} u.$$

5. 建立下列初边值问题的能量估计式:

$$\begin{cases} u_t - \Delta u + \sum_{i=1}^n b_i(x,t)u_{x_i} + c(x,t)u = f(x,t), & (x,t) \in \Omega \times [0,T], \\ \left[\dfrac{\partial u}{\partial \boldsymbol{n}} + \sigma u\right]_{\partial\Omega} = 0, \\ u\big|_{t=0} = \varphi(x), \end{cases}$$

其中 $\sigma > 0$.

6. 设 $\Omega \subset \mathbf{R}^3$ 是单位球的外部. $u(x) \in C^2(\Omega) \cap C(\overline{\Omega})$ 是狄利克雷外问题

$$\begin{cases} \Delta u(x) = 0, & |x| > 1, \\ u\big|_{|x|=1} = 0 \end{cases}$$

的解. 又若 u 满足条件

$$\int_{|\xi-x|<1} |u(\xi)|^2\mathrm{d}\xi \to 0 \quad (x \to \infty).$$

试证明 $u \equiv 0$.

7. 考察在有界区域 Ω 上的边值问题

$$\begin{cases} \Delta u + \sum_{i=1}^n b_i(x)u_{x_i} + c(x)u = f(x), & x \in \Omega, \\ \left[\dfrac{\partial u}{\partial \boldsymbol{n}} + \sigma u\right]_{\partial\Omega} > 0. \end{cases}$$

试证明:当 $c(x)$ 充分负时,该问题的解在能量模意义下的稳定性.

参 考 文 献

[1] 谷超豪,李大潜,陈恕行,等. 数学物理方程. 3 版. 北京:高等教育出版社,2012.

[2] 吴新谋,等. 数学物理方程. 北京:科学出版社,1965.

[3] 姜礼尚,陈亚浙,刘西垣,等. 数学物理方程讲义. 2 版. 北京:高等教育出版社,1996.

[4] 齐民友,吴方同. 广义函数与数学物理方程. 2 版. 北京:高等教育出版社,1999.

[5] 陈恕行,秦铁虎. 数学物理方程——方法导引. 上海:复旦大学出版社,1991.

[6] 陈恕行. 现代偏微分方程导论. 北京:科学出版社,2005.

[7] F. John. Partial Differential Equations. 〔s. l.〕:Springer-Verlag,1978.

[8] R. Courant,D. Hilbert. Methods of Mathematical Physics:Vol. Ⅱ. 〔s. l.〕:Interscience,1962. (中译本:熊振翔,杨应辰,译. 北京:科学出版社,1977.)

[9] L. C. Evans. Partial Differential Equations. Providence,RI:American Mathematical Society,1998.

[10] D. Gilbarg,N. S. Trudnger. Elliptic Partial Differential Equations of Second Order. Berlin Heidelberg New York:Springer-Verlag,1983.

[11] M. H. Protter,H. F. Weinberger. Maximum Principles in Differential Equations. New York Inc:Springer-Verlag,1984.

[12] А. Н. Тихонов,А. А. Самарский. 数学物理方程. 黄克欧,等,译. 北京:高等教育出版社,1956.

[13] И. Г. Петровский. 偏微分方程讲义. 段虞荣,译. 北京:高等教育出版社,1965.

[14] О. А. Олейник,偏微分方程讲义. 郭思旭,译. 北京:高等教育出版社,2008.

[15] А. С. Шамаев,偏微分方程习题集. 2 版. 郭思旭,译. 北京:高等教育出版社,2009.

[16] А. В. Бицадзе,Д. Ф. Калиниченко,数学物理方程习题集. 向熙廷,向红锋,译. 长沙:湖南师范大学出版社,1991.

郑重声明

高等教育出版社依法对本书享有专有出版权。任何未经许可的复制、销售行为均违反《中华人民共和国著作权法》,其行为人将承担相应的民事责任和行政责任;构成犯罪的,将被依法追究刑事责任。为了维护市场秩序,保护读者的合法权益,避免读者误用盗版书造成不良后果,我社将配合行政执法部门和司法机关对违法犯罪的单位和个人进行严厉打击。社会各界人士如发现上述侵权行为,希望及时举报,我社将奖励举报有功人员。

反盗版举报电话　　(010)58581999　58582371
反盗版举报邮箱　　dd@hep.com.cn
通信地址　北京市西城区德外大街4号　高等教育出版社法律事务部
邮政编码　100120

读者意见反馈

为收集对教材的意见建议,进一步完善教材编写并做好服务工作,读者可将对本教材的意见建议通过如下渠道反馈至我社。

咨询电话　400-810-0598
反馈邮箱　hepsci@pub.hep.cn
通信地址　北京市朝阳区惠新东街4号富盛大厦1座
　　　　　高等教育出版社理科事业部
邮政编码　100029